VOLANDO

Relatos de aves viajeras

VAN

Antonio Sandoval
Carlos de Hita

ANAYA
TOURING

VOLANDO VAN
RELATOS DE AVES VIAJERAS

© Textos: **Antonio Sandoval**
© Sonidos y textos del catálogo sonoro: **Carlos de Hita**
© Prólogo: **Javier Gómez Aoiz**

Diseño e ilustraciones: **Kike de la Peña**
Mapas: **Cartografía Anaya Touring**

Primera edición: **Mayo de 2026**

© Grupo Anaya, S.A., 2026
   Calle Valentín Beato, 21
   28037 Madrid

Depósito legal: M-4214-2026
ISBN: 978-84-9158-930-3
Impreso en España - Printed in Spain

PAPEL DE FIBRA
CERTIFICADO

A Ana y a Pedro
¡Volando vamos!

A Virginia,
mucho más que
ciento volando

ÍNDICE

VOLANDO VAN

CANTANDO VAN, 255

Pardela cenicienta atlántica

PRÓLOGO

¿A quién no le gustaría volar? Abrir los brazos, como si fuesen alas, tomar impulso, cerrar los ojos y, en un instante, elevarse al cielo y planear sin apenas esfuerzo. Los seres humanos llevamos soñando con ello desde tiempos casi inmemoriales. Y no es para menos.

Pero, ¿y si en vez de limitarnos a sobrevolar plácidamente nuestro entorno más cercano, disfrutando del paisaje desde las alturas, tuviésemos que atravesar elevadas cordilleras y extensos desiertos? ¿O cruzar el estrecho de mar que separa dos continentes, quedando a merced de imprevisibles vientos? ¿O viajar de un extremo a otro de la Tierra, sobre el océano, sin descansar durante cientos o incluso miles de millas? Eso, nadie lo negará, son palabras mayores. Gestas que *a priori* calificaríamos como inalcanzables.

Volando van y volando vienen, cada año, millones de aves por todo el planeta, realizando asombrosas hazañas con la llegada de la primavera y del otoño. Guiadas por su instinto y sus genes, por las estrellas y por el campo magnético terrestre, numerosas especies de aves emprenden anualmente un largo periplo de ida y vuelta, viajando entre sus áreas de invernada y sus territorios de nidificación.

Muchos de estos viajes se cruzan, como detallan las siguientes páginas, en nuestra geografía, un territorio privilegiado donde es posible observar una amplísima variedad de aves migratorias, desde grandes rapaces a pequeños paseriformes, pasando por un sinfín de especies marinas, cigüeñas, anátidas, limícolas o vencejos. Especies muy diferentes entre sí, cada cual más fascinante, a las que miraremos con ojos de asombro y admiración al ir sumergiéndonos en cada capítulo de este libro.

Sus autores, Antonio y Carlos, bien conocidos y valorados por su larga trayectoria de varias décadas dedicadas al estudio de las aves, especialmente de sus largos viajes y de los sonidos que emiten, nos invitan además a descubrir un completo repertorio de lugares únicos, enclaves que conocen de primera mano, idóneos para ensimismarse ante la migración, con ayuda de unos prismáticos.

Precisamente con los prismáticos bien a mano, he tenido la suerte de pajarear y disfrutar de la naturaleza con Antonio y Carlos en no pocas ocasiones. Ya sea frente a la costa de Estaca de Bares, por los llanos del occidente extremeño, en las vegas del río Tajo en el sur de Madrid, o paseando, sin prisas y al amanecer, al pie de la sierra de las Corchuelas. Y ha sido una fortuna también el poder leer con calma las siguientes páginas, dejándome llevar, entusiasmado y con la sensación de estar mecido por el viento, en cada relato que atesora este libro.

Treinta y seis relatos maravillosos, repartidos a lo largo de los doce meses del año, repletos de curiosidades y sorpresas, de anécdotas históricas, de vivencias personales y, especialmente, de emoción. Tres docenas de relatos, en definitiva, para evadirnos y *volar* a otras latitudes, muy lejos de aquí, imaginando que formamos parte de una bandada de pardelas, de charranes o de correlimos, o quizás de una familia de golondrinas, de coloridos abejarucos o de vocingleras grullas. ¿Se os ocurre mejor compañía para iniciar este viaje literario?

JAVIER GÓMEZ AOIZ

PRESENTACIÓN

«Si yo tuviera influencia sobre el hada madrina, aquella que se supone que preside el nacimiento de todos los niños, le pediría que le concediera a cada niño de este mundo el don de un sentido del asombro tan indestructible que le durara toda la vida», escribió Rachel Carson.

Consideraba la autora y conservacionista norteamericana que todos los humanos nacemos con un sentido del asombro innato que, cuando dejamos atrás la infancia, corre el riesgo de desvanecerse si no se cultiva. Y que a tal fin es necesario que niñas y niños pasen suficiente tiempo con, al menos, una persona adulta que mantenga viva la capacidad de asombrarse. Sobre todo, ante las maravillas de la naturaleza. Pues bien, la migración de las aves es uno de esos fenómenos naturales que, de manera muy especial, mejor despierta y mantiene nuestro sentido del asombro.

«La migración es un viaje estacional regular entre dos áreas, realizado por una especie que de ese modo se reproduce o sobrevive de manera más eficiente que si permaneciera en un lugar todo el año». Debemos esta definición a David Lack, uno de los más influyentes biólogos evolutivos del siglo XX, y un apasionado pajarero desde antes de los diez años. Una de las especies a las que Lack prestó más atención fue el vencejo común. Incluso le dedicó un libro, que no ha dejado de reeditarse desde 1956. Por entonces, Lack no podía saber todavía, pues es algo que se comprobó en este siglo XXI, que desde que los vencejos comunes abandonan en otoño Europa rumbo a África, hasta que regresan en

primavera, no se posan, sino que permanecen todo ese tiempo volando sin cesar sobre selvas y sabanas. O que, por increíble que parezca, los vencejos comunes de la subespecie que cría en el norte de China acuden también en otoño hasta África, realizando un viaje de ida y vuelta de cerca de 30.000 km.

Los treinta y seis relatos protagonizados por esa misma y otras aves viajeras que narramos en este libro aspiran a ser, por un lado, una invitación a descubrir los periplos de estas criaturas.

También una celebración: la de que nuestra geografía sea zona de cría, invernada y paso cada primavera y otoño de muy numerosas especies. Pocos países disfrutan del privilegio de que por sus collados, costas, estrechos y mares circulen tal cantidad de aves diferentes. No en vano cada vez más gente de aquí, y llegada de fuera, acude con sus prismáticos, telescopios y cámaras a contemplar en vivo y en directo el espectáculo de sus migraciones desde las mejores atalayas de cada uno de nuestros territorios.

La conservación de esas especies, y de los espacios naturales por los que pasan o en los que se detienen a alimentarse y descansar, es una responsabilidad que incumbe a toda nuestra sociedad, desde las personas más jóvenes a quienes tienen mayor poder de decisión. Este libro también aspira a ser un recordatorio de que no podemos permitirnos perder, ni descuidar, algo tan hermoso y necesario: tan capaz de ayudarnos a cultivar, a cualquier edad, un sentido del asombro indestructible, que nos dure toda la vida.

LAS MIGRACIONES DE LAS AVES

1. ¿POR QUÉ MIGRAN LAS AVES?

Cuenta en sus memorias el célebre arqueólogo alemán Heinrich Shliemann (1822-1890) que el sastre del pueblo donde vivió de niño, un hombre tuerto y sin una pierna, y «de extremas memoria y curiosidad», relató en una ocasión a su pandilla infantil la siguiente historia: a fin de saber adónde iban en invierno las cigüeñas que anidaban en su granero, ató a la pata de una de ellas un trozo de pergamino en el que solicitaba una respuesta a quien la tuviera como huésped en esos meses.

Para su sorpresa, la primavera siguiente la cigüeña regresó a esa aldea del norte de Alemania portando otro pergamino en el que alguien, en pésimo alemán, había apuntado que ese lugar era «Sankt-Johannes-Land», a lo que el propio Shliemann añade: «Habríamos dado con gusto unos pocos años de nuestra vida por saber dónde se encontraba el misterioso Sankt-Johannes-Land».

Casi dos siglos después, sabemos muchísimo acerca de las rutas de ida y vuelta de las cigüeñas blancas europeas. Por ejemplo, que las del norte de Alemania vuelan a África sobre los estrechos del Bósforo y de Dardanelos, a cuyas orillas están las ruinas de Troya, descubiertas por el propio Heinrich Shliemann a partir de 1870.

Lo mejor es que con cada hallazgo que ha hecho posible desvelar esos y tantos otros viajes de las aves, antaño tan misteriosos, han ido surgiendo muchos otros enigmas pendientes de resolver.

Gracias a esos enigmas, y por supuesto a lo evocador que es contemplar el paso distante de una bandada viajera de aves, este fenómeno sigue siendo uno de los que más fascinan no solo a la gente pajarera, sino a cualquier persona curiosa ante el mundo natural.

¿Por qué migran las aves? Esta es la primera de las muchas preguntas que van surgiendo en cuanto empiezas a pensar o a conversar sobre los impresionantes recorridos que estos animales emplumados realizan a lo largo y ancho del planeta.

La respuesta no es sencilla. De hecho, son multitud los grupos de investigación que siguen buscándole respuestas. En plural, sí, porque no hay solo una.

Una de ellas, por supuesto, tiene que ver con este planeta nuestro que recorren volando las aves. En concreto, con la inclinación de su eje respecto al plano de su rotación alrededor del Sol, eso que estudiamos ya en Primaria como la «oblicuidad de la eclíptica», responsable de la sucesión de las estaciones a lo largo de cada año en los dos hemisferios de la Tierra. Es por eso por lo que, en pleno invierno, y durante semanas y semanas, el propio Sol no asoma, o lo hace muy poco, sobre los horizontes ártico y antártico, mientras que en las latitudes medias la energía que de él llega es tan escasa, y el frío a menudo tan intenso, que las plantas, en la base de toda cadena alimenticia (otra cosa que recordamos desde Primaria), restringen al mínimo su actividad, del mismo modo en que lo hacen también infinidad de animales, que se ven obligados, por ejemplo, a hibernar o a

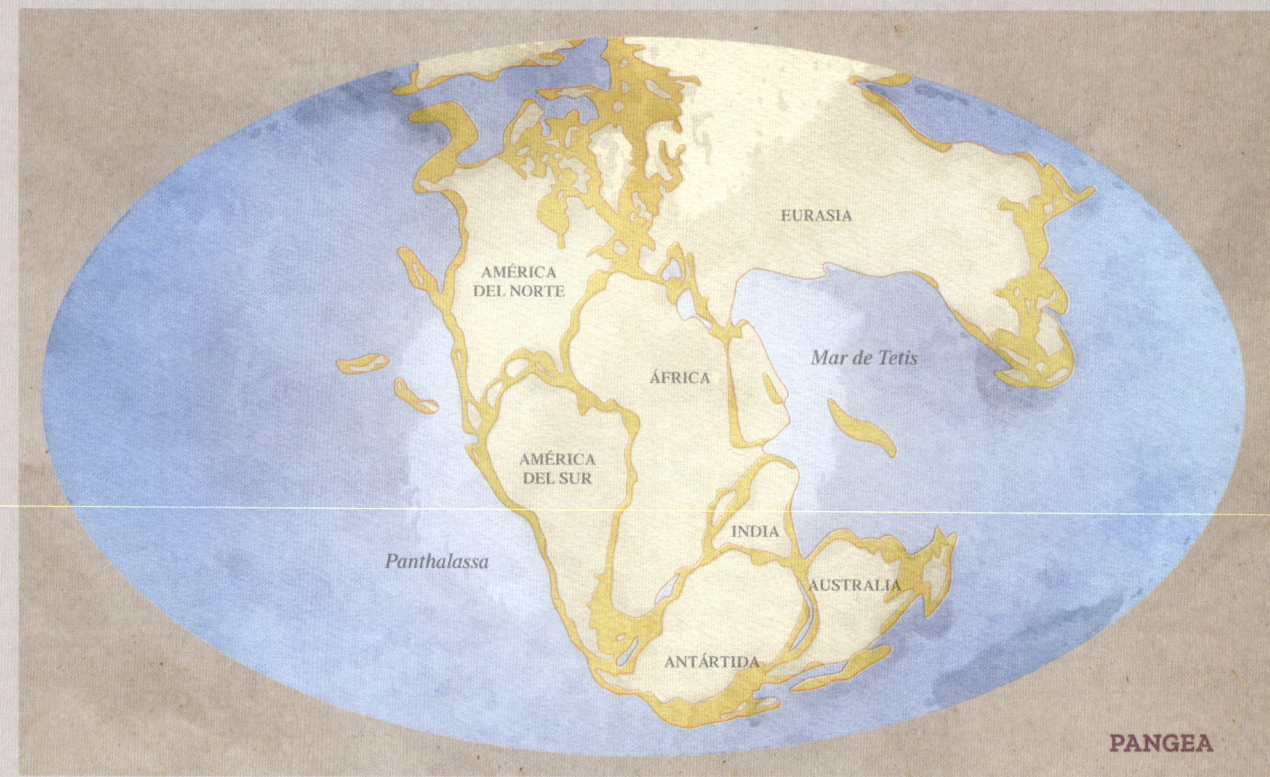

AMÉRICA
DEL NORTE

EURASIA

ÁFRICA

Mar de Tetis

AMÉRICA
DEL SUR

INDIA

Panthalassa

AUSTRALIA

ANTÁRTIDA

PANGEA

marcharse por un tiempo en busca de un clima mejor, para volver cuando regrese la primavera y, con ella, el renacer vegetal, la abundancia de invertebrados, etc. Aquí en Europa, de hecho, la proporción de especies de aves migratorias aumenta cuanto más hacia el norte y disminuye cuanto más hacia el sur.

Pero hay más respuestas, decíamos. Porque, claro, por muy capaces de leer los paisajes que sean las aves migratorias (luego veremos hasta qué extremo), su decisión de marcharse y regresar cada año no es fruto de un sesudo análisis, ya sea personal o asambleario, en torno a si cada otoño y primavera merece o no la pena viajar. Lo que hacen es ser obedientes: siguen las instrucciones de su herencia genética, de las que se fían por completo.

En tiempos de Shliemann y de su sastre no se sabía nada de esto. Como es bien conocido, fue un coetáneo suyo, el agustino Gregor Mendel, quien a base de estudiar guisantes sentó las bases del estudio de la genética. Desde entonces esta ciencia ha volado muy lejos. También en términos ornitológicos.

Regresemos un instante a las peculiaridades de nuestro planeta. Además de estar «torcido», resulta que ha pasado por varias edades. Podríamos llamarlas, ya que estamos, infantil, primaria, secundaria, bachillerato... Pero como se denominan, por supuesto, es Paleozoico, Mesozoico o Cenozoico, periodos a su vez divididos en muchos otros. Pues bien, las primeras aves modernas de las que se tiene noticia aparecieron hace unos 130-95 millones de años (la ciencia sigue debatiendo en qué etapa del Cretácico, el último «trimestre» del Mesozoico). Por entonces el supercontinente Pangea llevaba tiempo dividiéndose en varias masas de tierra cada vez más separadas entre sí. Unos 60 millones de años después, eran las propias aves las que se dividían en cada vez más órdenes, familias, géneros y especies. Al mismo tiempo, comenzaron a colonizar nuevos territorios. Según algunas fuentes, quizá fue entonces cuando algunas empezaron a migrar, primero a base de pequeños movimientos, después con vuelos más y más largos...

Los océanos cada vez más anchos, las sucesivas glaciaciones, la aparición del Sahara y otros procesos las obligaron a ser flexibles: a cambiar de áreas de distribución conforme lo hacían las condiciones ambientales. O lo que es lo mismo: a aprovechar cuantas oportunidades fueran surgiendo. Así sucedió aquí en Europa, por ejemplo, con motivo de los veintidós ciclos glaciares de los últimos 1,8 millones de años: con cada alternancia de avances y retiradas de los hielos, aparecían y desaparecían unos paisajes de los que las aves eran parte fundamental.

Tras la última glaciación, muchas de ellas colonizaron o recolonizaron territorios cada vez más al norte, aunque regresaban en invierno a ambientes más cálidos y luminosos. Este proceso provocó el trazado de algunas rutas migratorias asombrosas, como las que en otoño llevan a las collalbas grises tanto de Groenlandia como del centro de Asia hasta África, o la que emprenden los falaropos picofinos de Islandia o Escocia en esas mismas fechas, cruzando Centroamérica nada menos que hasta el océano Pacífico, para invernar frente a Perú.

Con todo, el puzle capaz de permitirnos comprender este proceso (como es de imaginar, infinitamente más complejo de lo que podría sugerir esta síntesis) dista mucho de ser completado. Por un lado, aún no tenemos todas sus piezas. Por otro, cada especie migratoria tiene una historia propia acerca del porqué de sus viajes. Es más: dentro de un mismo género —e incluso especie— no solo encontramos tanto especies sedentarias como migradoras, sino que entre estas últimas algunas cuentan con poblaciones que no abandonan sus zonas de cría en todo el año, o que lo hacen de diferentes maneras.

Así como una semilla de guisante sabe muy bien lo que tiene que hacer cuando se la siembra, casi lo mismo les ocurre a las aves migratorias. «Casi» porque, claro, un pájaro es un organismo mucho más complejo que un guisante. Pero en esencia, lo que sucede es lo mismo. ¿Y de dónde viene esa «sabiduría»? Esa es otra de las grandes preguntas que la ciencia sigue investigando a fin de explicar, por ejemplo, cómo millones de pájaros de muchas especies, con solo unas semanas o meses de vida, emprenden y completan en solitario sus migraciones, sin apoyo paterno alguno.

En busca de más respuestas, además de la propia herencia genética y su evolución, aparecen conceptos como la plasticidad fenotípica (la capacidad de los organismos para cambiar su comportamiento, su morfología o su fisiología en respuesta a su entorno)... Y entra en juego el papel de la experiencia: muchas aves son bastante longevas, y acumulan así aprendizaje, mientras que en el caso de algunas especies, como las grullas o los ánsares, los jóvenes sí migran en su primer año junto a sus padres, asimilando así el conocimiento adquirido por estos durante sus propias etapas de infantil, primaria, secundaria y bachillerato.

2. ¿CÓMO MIGRAN LAS AVES?

He aquí otra gran pregunta. Y esta vez, con casi tantas respuestas como aves migratorias hay. Pero no ya en términos de especies, sino de individuos.

Y es que cada pájaro viajero, desde que emprende su migración, y tanto si perece en el intento (como les sucede a muchos) como si termina siendo un veterano con un buen puñado de idas y vueltas en su haber, tiene una historia extraordinaria que contar. Una historia épica, de tenacidad ante las más diversas incertidumbres, de fe en sí mismo, en su estirpe y en su experiencia, de riesgos y de toma de decisiones, cuajada de momentos de buena y de mala suerte... No muy diferente, en fin, a esos relatos de aventuras que tanto nos gusta escuchar y leer a la humanidad.

Unas veces las protagonistas de esas historias viajan en bandada familiar o tribal; otras, lo hacen en la más completa soledad; otras más, rodeadas de aves de su misma y de otras especies...

Algunos capítulos de esos relatos tienen lugar de noche, bajo las estrellas y la luna. Otros suceden en mitad de un siniestro vendaval. Los hay que transcurren en mitad del océano, a cientos de millas de cualquier orilla. O sobre collados entre altísimas cumbres. Son infinidad los escenarios donde se desarrollan esas historias: desiertos, selvas, ciudades, humedales, campiñas, bosques, ríos, sabanas... El etcétera es tan ancho como el abanico de pequeños y grandes hábitats que envuelven este planeta nuestro en la más diversa y preciosa profusión de paisajes.

Veamos a continuación, de forma muy sintética, las respuestas de la ciencia a esta otra gran pregunta, la de cómo logran las aves recorrer distancias en ocasiones inmensas. Más adelante veremos cómo se han ido encontrando esas respuestas y, a partir de ellas, nuevas preguntas.

El momento de la partida

Muchas aves saben cuándo tienen que partir de viaje gracias a la hormona N-acetil-5-hidroxitriptamina, más conocida como «melatonina», a la venta en cualquier farmacia para combatir los trastornos del sueño.

Y no es que acudan a las farmacias. Es que, lo mismo que los humanos, también ellas segregan esa hormona a través de su glándula pineal durante la oscuridad de la noche. Si a nosotros la melatonina nos permite adaptarnos al ciclo de luz-oscuridad, y nos facilita el sueño (y su insuficiencia nos resulta perjudicial), en el caso de las aves les ayuda a detectar los cambios en su fotoperiodo. Es decir, en el tiempo que cada día están expuestas a la luz, un tiempo que varía en función del momento del año y la latitud. Así es como muchas especies, y en ocasiones distintas poblaciones de una misma especie, disponen de una especie de reloj a la vez solar y genético que les avisa de cuándo toca emprender la marcha. Surge entonces en ellas una inquietud migratoria que la ciencia denomina *Zugunruhe*: no les queda otro remedio que partir. Este es el motivo de que muchas lo hagan mientras todavía abunda el alimento en los hábitats que abandonan.

Antes de iniciar sus rutas, eso sí, se preparan. Muchas han mudado su plumaje, mientras que otras lo harán cuando lleguen a su destino. Los días previos a la partida comen cuanto pueden, hasta llegar a duplicar su peso. Consumen sobre todo alimentos ricos en grasa, ideales como combustible para el vuelo. Otra hormona más, la grelina, les indica cuándo es suficiente y les anima asimismo a iniciar o continuar su viaje. Entonces tienen lugar, a veces, otros cambios: por ejemplo, algunos órganos internos que no van a usar durante el vuelo, como los intestinos, se reducen al mínimo, mientras que los músculos pectorales o los pulmones incrementan su capacidad.

En el banderazo de salida, como hemos visto, algunas echan a volar en compañía de sus familias o en bandadas multigeneracionales, mientras que otras, entre ellas muchos pequeños pájaros con solo unas semanas de vida, lo hacen en solitario. En este caso, van al principio explorando poco a poco su entorno para después comenzar a desplazarse hacia el sur, primero en trayectos cortos y luego en vuelos cada vez más largos, a medida que van aprendiendo a manejar sus herramientas de navegación.

Estudiando el paisaje

Una de esas herramientas de navegación es el estudio atento de los paisajes. Observar cuanto sobrevuelan es en muchas especies crucial tanto al comienzo de su viaje (sobre todo cuando son jóvenes en su primera migración) como a lo largo de su ruta. La línea de costa, los perfiles de las montañas, los valles fluviales... Muchas aves van identificando desde el cielo hitos que les sirven como futuras referencias. Son numerosos los detalles que de esta manera van atesorando en su memoria y en su experiencia para cuando emprendan de nuevo ese mismo recorrido. En ocasiones esta memoria es colectiva. Es lo que sucede con aves de migración familiar o tribal.

Una brújula a bordo

Otra de esas herramientas es muy parecida a una brújula. O mejor todavía: a un GPS. Y es que muchas aves cuentan con todo un «sistema de posicionamiento global» gracias a su capacidad para detectar el campo magnético de la Tierra. Esto es algo que a nosotros nos resulta complicado de comprender porque carecemos de órganos capaces de advertir ese campo. Pero para ellas es más que evidente.

El campo magnético terrestre consiste, básicamente, en que nuestro planeta funciona como un enorme imán (a consecuencia de su núcleo de níquel y hierro) cuyas corrientes magnéticas circulan entre sus polos norte y sur, de forma más perpendicular cuanto más hacia esos polos, y casi paralela a la superficie sobre el ecuador.

¿Y cómo consiguen percibirlo las aves? Ha habido varias propuestas al respecto. La que apuntaba a que algunas zonas de sus picos disponen de magnetita, una forma específica de óxido de hierro permanentemente magnético, fue posteriormente rechazada por algunos investigadores. Otra ha señalado que algunos pájaros son capaces de «ver» esos campos a través de los ojos gracias a la presencia en ellos de una proteína llamada «criptocromo», que reacciona ante la luz de una manera compleja hasta dotarlos de lo que se ha dado en denominar una «brújula cuántica», pues, por asombroso que parezca, su funcionamiento se basa en la química cuántica.

CAMPO MAGNÉTICO DE LA TIERRA

Las luces del cielo: el sol y las estrellas

Otra herramienta más que utilizan las aves para situarse en el espacio es la observación de la luz que llega del firmamento, y tanto de día como de noche.

Durante el día, la posición del Sol según traza su arco en el cielo es muy útil para determinar claves como tu dirección, la latitud y el momento del año, como nos enseñan desde muy jóvenes en nuestros primeros campamentos. ¡O que deberían enseñarnos!

Repasemos: el Sol avanza de este a oeste y alcanza su mayor altura en la hora exacta del mediodía. Esta altura varía según el momento del año (más elevada en el solsticio de verano, próximo al día de San Juan, y más baja en el de invierno), y además en ese instante las sombras marcan dónde está el sur. Muchas aves saben servirse de ello, y también de lo que se denomina la «luz polarizada del sol», que nosotros no podemos detectar pero ellas sí.

Esa polarización es más evidente para ellas en las horas crepusculares, cuando las ondas de luz, al pasar por el filtro de la atmósfera, vibran en una sola dirección en lugar de hacerlo en múltiples direcciones, dibujando así un patrón que las aves combinan con el resto de herramientas de navegación.

Pero si hay patrones en el cielo, es por la noche. Entonces las estrellas colman nuestra mirada de vértigo cósmico... y sirven a muchas aves como referencia para sus viajes. Esas aves las observan de forma parecida a la de tantos navegantes humanos de todas las épocas: prestando especial atención a Polaris, la estrella polar, pero no porque sea la más próxima al polo norte celeste, sino porque todas las demás giran en torno a ella a lo largo de cada noche. Cuanto más viajas hacia el norte, además, más alta aparece Polaris en el cielo, y cuanto más hacia el sur, más baja... hasta desaparecer al cambiar de hemisferio.

Las aves que migran de noche suelen partir con la puesta del sol señalando el oeste, el patrón de luz polarizada más evidente, y la creciente aparición de estrellas como referencia para las horas nocturnas.

Rastros olfativos...

Igual que sabuesos alados, algunas especies se sirven además del olfato para seguir sus rutas. Durante mucho tiempo se sostuvo que las aves prácticamente carecían del sentido del olfato. Hoy sabemos que, muy al contrario, algunas de ellas lo tienen muy desarrollado, hasta el extremo de que los ejemplares más veteranos quizá hayan elaborado, con la experiencia, toda una cartografía olorosa de sus territorios. Este es el caso de especies marinas como las pardelas cenicientas: no solo identifican en plena noche cuál es su nido a partir de su aroma, o encuentran su alimento en la inmensidad oceánica siguiendo los perfumes que lleva la brisa, sino que son capaces de orientarse en esa inmensidad incluso a cientos de kilómetros de las islas donde crían.

... Y rastros sonoros

Además de formas, colores, relieves y aromas, los paisajes están llenos de sonidos. Y son muchas las especies de aves que se sirven de ellos para orientarse en sus vuelos migratorios.

Están, por un lado, los infrasonidos resultado del fragor de las olas contra la costa o del viento cuando circula entre altos relieves. Unos y otros pueden llegar a escucharse a muchos kilómetros de distancia, proporcionando así a las aves señales de si por ejemplo se acercan al litoral o tienen por delante una alta sierra.

También están los reclamos nocturnos en pleno viaje de otras aves, de la misma o distinta especie que la que los escucha con incesante atención: un estudio desarrollado en Estados Unidos ha sugerido que diversos pájaros cantores de ese continente, de migración nocturna y en solitario, como muchos europeos, quizá cooperen con otras especies de ese modo. Eso explicaría que no cesen de reclamar según avanzan en unos viajes que les llevan incluso hasta Argentina.

¿Qué se «contarán»? ¿En qué consistirán esos mensajes que saturan de voces los cielos nocturnos algunas noches de primavera y otoño? Según quienes han participado en ese proyecto de investigación, quizá en un intercambio de conocimientos sobre lugares de aterrizaje o sobre condiciones meteorológicas complicadas, como niebla o lluvia... Por el momento esto no son más que conjeturas.

¿Qué tiempo va a hacer?

Anticiparnos al tiempo que va a hacer cuando salimos de viaje es tan importante para quien tiene la suerte de disfrutar de fines de semana y vacaciones como para las aves en sus migraciones. También, desde luego, para la gente pajarera cuando programamos nuestras excursiones. Según por ejemplo donde estemos, y de dónde sople el viento, tendremos más o menos oportunidades de verlas pasar o de encontrarlas refugiadas en esos lugares estratégicos que les son tan imprescindibles.

Nosotros disponemos de infinidad de *apps* donde encontrar información, pero ¿y ellas? Aunque todavía no está claro cómo lo hacen, sin duda saben cómo interpretar más de una clave meteorológica, pues su lectura de las condiciones atmosféricas antes de partir y en pleno viaje les resulta de una importancia vital. Por ejemplo, para corregir su dirección de vuelo, a fin de compensar el desvío provocado por vientos demasiado fuertes. O para elegir volar a una altura u otra. También para tomar rutas más largas, pero mucho más cómodas, a fin de servirse en ellas de vientos favorables. O para, frente a temporales de viento y lluvia, deshacer el camino andado y dar la vuelta. A veces, cuando esto no es posible, se dejan llevar en mitad de ese furioso carrusel con la esperanza de poder evadirse de él cuanto antes.

Es precisamente transportadas en el vientre de tormentas trasatlánticas como cada otoño llegan a Europa ejemplares de especies americanas que hacen las delicias de quienes gustan de salir con sus prismáticos en busca de «rarezas». Así es como se denominan, en la jerga ornitológica, aquellas especies ajenas a la avifauna típica de un lugar determinado. Pero no es ese el único motivo de que aparezcan. Otra causa de la aparición de esas especies divagantes puede también ser un aparente «error» de su brújula de a bordo que provoque, por ejemplo, que un individuo vuele en otoño hacia el suroeste en lugar de hacerlo hacia el sureste y acabe llegando a España en lugar de recalar en su destino en el sur de Asia. Y una razón más es el uso de buques transcontinentales como refugio en mitad del mar y el consiguiente «vuelo de desembarco» una vez tocan tierra.

Brújulas cuánticas, olfato, observación del paisaje, del cielo estrellado y de la luz polarizada del Sol, de las corrientes magnéticas de la Tierra... Las aves migratorias nos asombran sin cesar con su capacidad de orientación y de navegación. Y, por supuesto, con los extraordinarios viajes que trazan a lo largo y ancho de este planeta.

3. TIPOS DE MOVIMIENTOS

Unos párrafos atrás mencionamos que dentro de una misma especie puede haber poblaciones tanto migratorias como sedentarias. Un ejemplo de ello es la curruca capirotada, un pájaro de amplia distribución en nuestro país y el resto de Europa. En nuestros bosques y áreas de matorral tenemos una población residente todo el año a la que se suma otra que llega cada otoño del norte para regresar allí en primavera. En las islas británicas, en cambio, tienen por un lado una población reproductora que se traslada al sur en otoño, llegando hasta África, y otra que en esas mismas fechas llega a pasar allí el invierno desde Polonia, Alemania, Francia, ¡e incluso España! Su historia es bien curiosa: algunos ejemplares comenzaron a presentarse allí hace medio siglo, y les fue muy bien. Así que sus cifras fueron creciendo. Por un lado, aprovechan la abundancia de comederos para aves en los jardines. Por otro, tienen su hogar de primavera más cerca: regresan a sus países de cría una media de diez días antes que las que se van al sur, y se hacen así con los mejores territorios. Quienes han investigado todo esto han descubierto algo más: una zona en el centro de Austria, de tan solo 27 km de ancho, donde está la frontera entre las currucas capirotadas de ese país que para migrar al sur toman una dirección suroeste, rumbo a África sobre Italia o España, y las que parten hacia el sureste para llegar a Oriente Próximo.

Existen otros ejemplos, pero baste este para comprender las múltiples estrategias que puede emplear una sola especie.

Ahora elevemos la mirada desde la curruca capirotada hacia las aves migratorias como conjunto para repasar los diferentes tipos de desplazamientos que emprenden.

Para ello seguiremos la clasificación básica que propone uno de los ornitólogos que más ha aportado a este análisis panorámico: el multigalardonado británico Ian Newton, autor de dos gruesos tratados sobre esta materia y pajarero entusiasta desde muy niño.

Newton divide los movimientos de las aves en seis tipos principales:

• Movimientos cotidianos centrados en el lugar de residencia. Se dan en todas las aves, ya sean residentes o migratorias. Por ejemplo, vuelos desde los lugares de cría o descanso hasta los sitios de alimentación, o de un sitio de alimentación a otro. Pueden ser cortos y breves, en el caso de muchas aves terrestres, o extenderse enormes distancias, como sucede con numerosas aves marinas.

• Movimientos de dispersión. Se dan, de nuevo, en especies sedentarias y migratorias,
cuando los jóvenes se independizan de sus padres. Además, algunos adultos pueden cambiar de un año a otro sus lugares de anidación (lo que se denomina «dispersión reproductiva») o de invernada («dispersión no reproductiva o invernal»).

• La migración propiamente dicha, en la que se realizan movimientos regulares, aproximadamente en las mismas épocas de cada año, en direcciones específicas y a menudo a destinos concretos. Suele implicar un viaje largo de decenas, cientos o miles de kilómetros y suele estar asociada con los cambios estacionales en la disponibilidad de alimentos, consecuencia de la alternancia de estaciones cálidas y frías en latitudes altas o de estaciones húmedas y secas en los trópicos.

• La migración dispersiva, cuando los movimientos posteriores a la reproducción pueden ocurrir en cualquier dirección desde el sitio de reproducción, pero aun así implican un viaje de regreso, como en las anteriores. Por ejemplo, cuando las aves de zonas montañosas se desplazan en varias direcciones a terrenos más bajos durante la temporada no reproductiva.

• Irrupciones, a menudo de latitudes altas a bajas y en asociación con fluctuaciones anuales, o estacionales, en la disponibilidad de alimentos. Son comunes, por ejemplo, entre los pájaros boreales que dependen de las fluctuaciones de la producción de semillas en los árboles o en aquellas aves depredadoras que dependen de las oscilaciones en las poblaciones de roedores.

• Nomadismo, cuando las aves se desplazan de una zona a otra, residen durante un tiempo donde las condiciones son temporalmente adecuadas y, si es posible, se reproducen. Es lo que hacen algunos búhos y págalos que se alimentan de roedores, y no pocas aves de regiones desérticas, donde las lluvias esporádicas provocan repentinos oasis de vida a nivel local.

Aparte está, como hemos visto, la divagancia, que es cuando las aves aparecen de forma ocasional en lugares muy alejados de su área de distribución normal. Como decíamos antes, para mucha gente pajarera, es el tipo de desplazamiento más emocionante, pues constantemente sueñan con descubrir un ave rarísima en sus territorios de observación habituales.

Respecto a la migración propiamente dicha, quienes la han estudiado tienden a coincidir en que en algunos casos no es latitudinal (de norte a sur y viceversa), sino longitudinal. Así sucede, por ejemplo, con los bisbitas de Richard que cada otoño llegan a la península ibérica nada menos que desde las estepas de Asia central. Otro formato es la migración en bucle, cuando las aves trazan sobre el mapa un camino casi circular al tomar rutas diferentes a la ida y a la vuelta.

En cuanto a las que migran a lo largo de Europa, y entre este continente y África, sus migraciones se denominan «presaharianas» cuando en invierno se quedan al norte de este desierto, por ejemplo en España o Marruecos y Argelia, y «transaharianas» cuando sí cruzan el Sahara. Estas últimas, a su vez, se dividen en «transaharianas de corto recorrido», cuando se instalan justo al sur del desierto, o «transaharianas de largo recorrido», cuando su destino está aún mucho más al sur.

En paralelo, cuando en distintas poblaciones de una misma especie se dan diferentes fórmulas migratorias, esta estrategia se presenta en varios formatos. Así, se denomina «de salto de rana» (del inglés *leapfrog*) cuando las poblaciones más norteñas vuelan más al sur y las más meridionales se quedan en invierno más al norte; «en cadena», cuando por ejemplo una población norteña acude a invernar a una zona al sur que, a su vez, es desalojada por otra población que se traslada más al sur todavía, y «telescópica», cuando dos poblaciones parten de dos lugares distantes entre sí pero coinciden en un mismo destino. A veces estas diferencias tienen lugar entre los dos sexos: los machos adoptan una, y las hembras, otra.

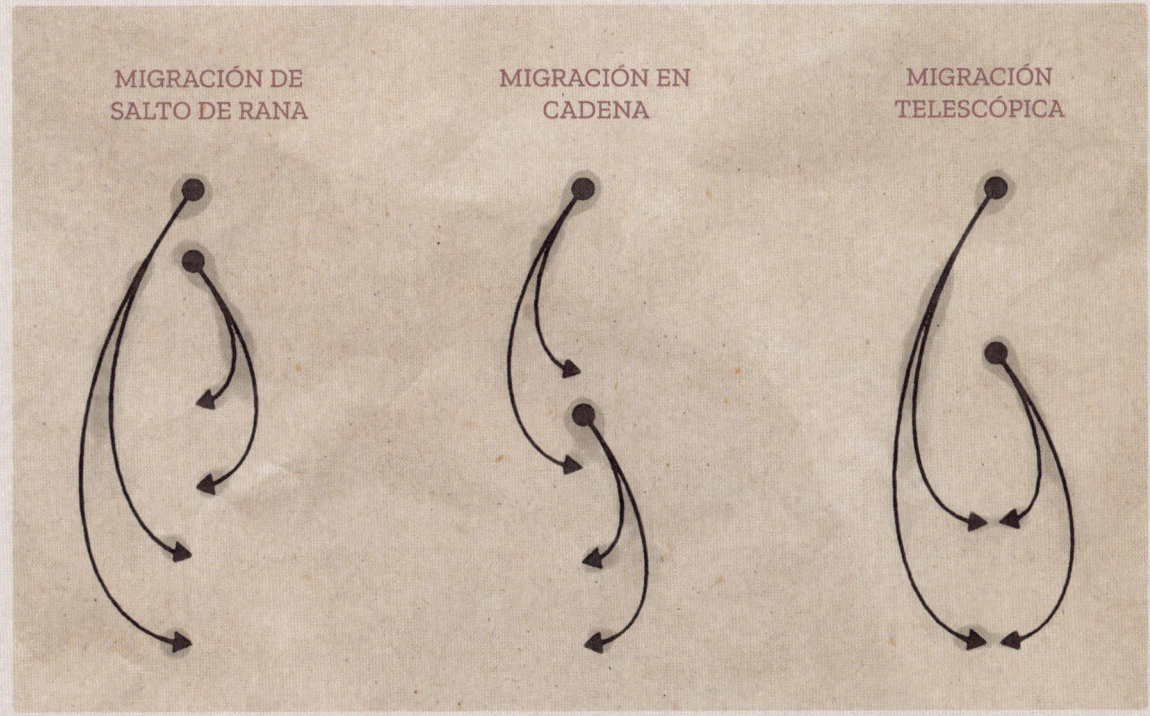

MIGRACIÓN DE
SALTO DE RANA

MIGRACIÓN EN
CADENA

MIGRACIÓN
TELESCÓPICA

4. LAS GRANDES VÍAS MIGRATORIAS DEL PLANETA

Según BirdLife International, la mayor organización dedicada a la conservación de las aves a nivel global, con presencia en 116 países y representada en España por SEO/BirdLife, las grandes vías migratorias de las aves del planeta son:

Vía migratoria del Pacífico americano

Vía migratoria del Atlántico oriental

Vía migratoria centroasiática

Vía migratoria centroamericana

Vía migratoria del mar Negro y el Mediterráneo

Vía migratoria de Asia oriental y Australasia

Vía migratoria del Atlántico americano

Vía migratoria de Asia y África orientales

Vías migratorias marinas

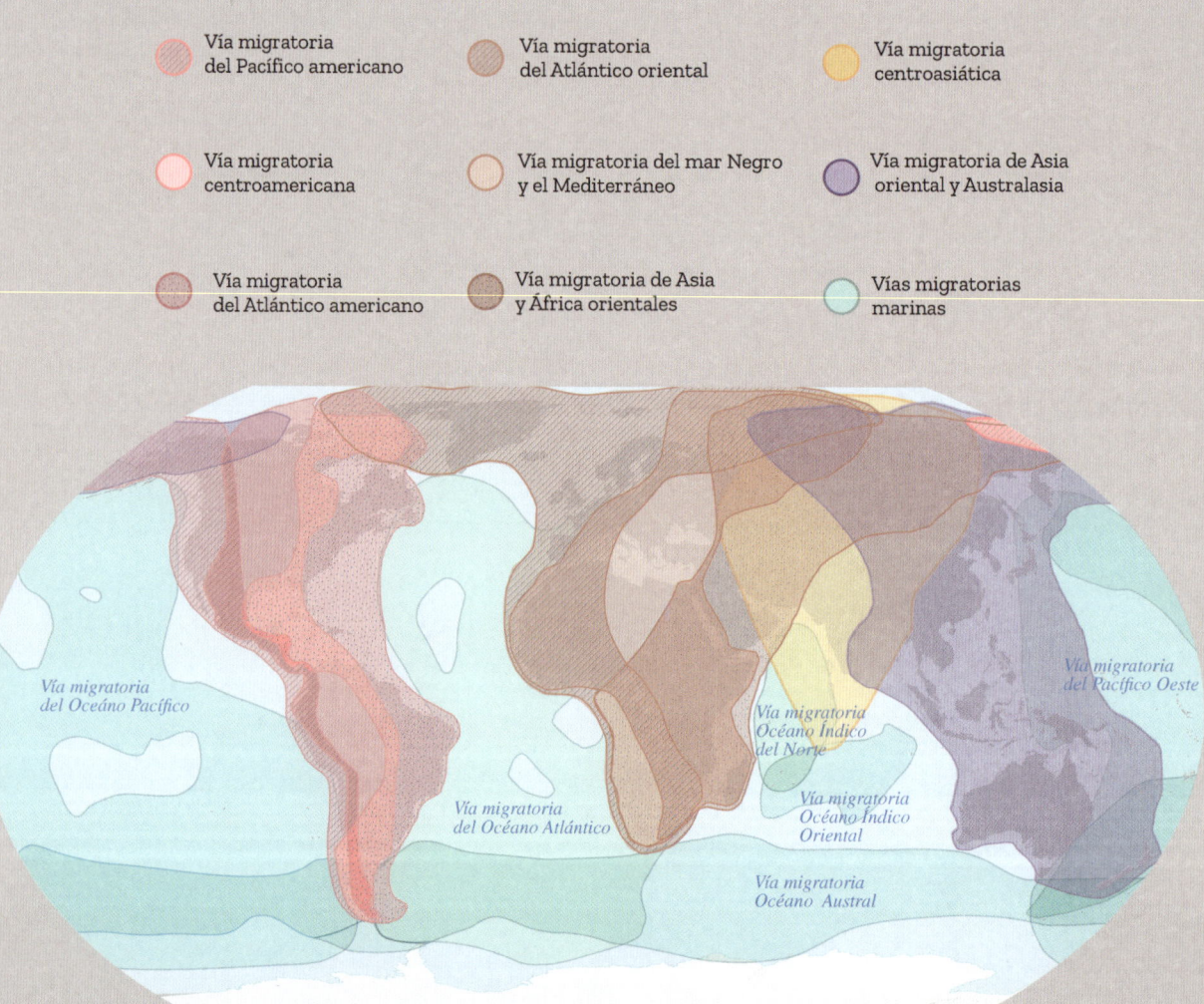

En algunas de ellas el paso de muchas especies se concentra en áreas estratégicas, que funcionan igual que los estrechos cuellos de los relojes de arena. A su vez, esas áreas cuentan con puntos concretos donde ese flujo se condensa de manera muy especial: estrechos entre continentes, cabos que se proyectan mar adentro, delgadas lenguas de tierra, collados entre montañas... Y con áreas vitales de parada donde las aves esperan encontrar la tranquilidad y el alimento necesarios para continuar luego sus viajes.

5. TRES VÍAS MIGRATORIAS A TRAVÉS DE IBERIA Y LAS ISLAS

Iberia, por su situación en el sur de Europa, su condición de península a la vez que de puente con África y su multiplicidad de ecosistemas, es en conjunto, con las islas Baleares y Canarias, una de esas zonas. Forma parte, además, nada menos que de tres corredores migratorios: el del Atlántico oriental, el del mar Negro y el Mediterráneo y el corredor migratorio marino del Atlántico.

Entre los lugares donde más se condensa el paso activo de aves, y que ofrecen muchos días del año espectáculos fabulosos que atraen cada vez a más personas con sus prismáticos y telescopios, destacan el estrecho de Gibraltar en Cádiz, el cabo de Estaca de Bares en el norte de A Coruña, en los Pirineos el navarro collado de Lindus y los de Somport y El Portalet en Aragón.

Muchos otros lugares son además fundamentales como parada y fonda para numerosísimas especies. Sus nombres brillan de manera muy intensa en la cartografía pajarera de este país: Parque Natural del Delta del Ebro, Parque Nacional de Doñana, Parque Natural de las Marismas de Santoña, Victoria y Joyel, Reserva Natural de la Laguna de Gallocanta...

El listado es muy extenso, lo que nos convierte a quienes aquí vivimos en muy afortunados, pero a la vez en muy responsables de que esos lugares se mantengan en perfecto estado de conservación, en cumplimiento, por otro lado, de lo que establecen las leyes.

Luego hablaremos algo más de esto. Antes echemos una ojeada a cómo se estudian las migraciones de las aves. Es decir, a cómo hemos conseguido saber todo cuanto hasta aquí hemos intentado resumir desde que el sastre del pueblo del pequeño Schliemann ató aquel pergamino a la pata de la cigüeña de su granero.

6. BREVE HISTORIA DEL ESTUDIO DE LAS MIGRACIONES

No sabemos cuándo pudo suceder esa historia de la cigüeña que le contó el sastre de su pueblo al joven Heinrich Schliemann y su pandilla, pero como este nació en 1822, posiblemente fuese a lo largo del primer tercio del siglo XIX, o poco antes. Es decir, en una época de la historia de Europa en la que, a pesar de los muchos conflictos políticos y fronterizos, las ciencias naturales llevaban tiempo no ya tomando carrerilla, sino comenzando a galopar. También la ornitología.

Comenzaban a quedar lejos los tiempos en que se seguía dando por buena la hipótesis, propuesta por Aristóteles primero y sostenida por el sacerdote sueco Olaus Magnus después, de que las golondrinas hibernan en grietas o en el lodo del fondo de lagos y arroyos. Y eso que en el siglo XII el emperador Federico II de Hohenstaufen, en su *De Arte Venandi cum Avibus*, ya mencionaba el frío y la escasez de alimentos como explicación a la partida de aves cada otoño.

Un siglo después, aquí en España, Pero López de Ayala dedicó un capítulo de su *Libro de la Caza de las Aves* a las migraciones: «Señaladamente las aves buscan su vida en la morada del invierno y del verano», escribió. Y puso varios ejemplos: «Yo vi por el estrecho de Marruecos, que está entre Tarifa y Ceuta, pasar las cigüeñas a fines de verano, que se tornaban para África; eran tantas que no podía el hombre contarlas, y duraban mucho tiempo en el cielo, tan grande era la manada que iba. Eso mismo ocurre con las garzas y otras aves y dicen que así lo hacen las codornices, porque muchas veces, con un viento, se hallan muchas, y luego que otro viento viene parten de allí y vasen, lo cual vieron muchos». También mencionó el golfo de Vizcaya: «También vi, viniendo de la Rochela a España, bien a veinte leguas de tierra, venir a mi galera un cernícalo y muy muchos pajarillos pequeños; se posaban en el árbol de la vela y luego que alzaban o bajaban el mástil volaban un poco fuera de la galera sobre el mar y tornábanse a la galera, donde los cogían con las manos. Estos no sé si pasaban a otra tierra; decían algunos que muchas aves volaban por el mar, creyendo que es más estrecha».

Fue precisamente el mismo año del nacimiento de Schliemann, en 1822, cuando los habitantes de una aldea de su mismo país abatieron a tiros a una cigüeña blanca con una lanza de madera africana clavada en el cuello. La desafortunada, apodada *pfeilstorch* ('cigüeña flecha') y posteriormente disecada, proporcionó una de las primeras pistas modernas sobre la migración de esta especie entre continentes.

Poco antes, allá por 1795, otro alemán, Johann Andreas Naumann, había definido ese *Zugunruhe* que más arriba mencionamos como el ansia viajera que muestran las aves migratorias cuando les llega el momento de partir. Lo que son las cosas: fue un gran amigo de un hijo de Naumann, llamado Johann Gottlieb Fleischer, quien primero describió al cernícalo primilla, una especie cuya mayor población mundial está en España, a donde viene desde África cada primavera. Decidió dedicárselo a Naumann el mayor: por eso el nombre científico del primilla es *Falco naumanni*. A Johann Friedrich Naumann (el hijo de Johann Andreas), por su parte, se le considera el gran fundador de la ornitología científica europea.

Por entonces se habían publicado a uno y otro lado del Atlántico varias obras fundacionales sobre aves, como las Alexander Wilson (sobre aves norteamericanas) o Thomas Bewick (sobre las británicas). En las décadas siguientes se sucederían los avances, entre ellos la fundación de la *Deutsche Ornithologen-Gesellschaft* (Asociación Ornitológica de Alemania) en 1850 y, más en concreto, la publicación de las primeras monografías sobre migraciones por parte del ruso Alexander von Middendorff (1855) o del finlandés Johan Axel Palmén (1876). Ya en los años ochenta de ese mismo siglo se celebró en Viena el primer congreso ornitológico mundial, se fundaron la *American Ornithologists' Union* y la británica

Royal Society for the Protection of Birds, esta por parte de un grupo de mujeres pioneras como reacción a la desmesurada captura de aves por sus plumas. Otra mujer, la estadounidense Florence Merriam Bailey, propuso por primera vez el uso de prismáticos para estudiar aves.

En 1891 un alemán más, Heinrich Gätke, publicó una obra de 600 páginas en la que hacía un completísimo repaso a las aves migratorias que aparecían cada primavera y otoño en la isla de Helgoland, en el mar del Norte, donde se trasladó a vivir como pintor paisajista antes de convertirse en ornitólogo a tiempo completo. Poco después, en 1899, el danés Hans Christian Cornelius Mortensen fue el primer ornitólogo que llevó a cabo un anillamiento sistemático a gran escala: marcó a 165 estorninos pintos con pequeñas anillas de aluminio numeradas.

En 1901 se fundó el primer observatorio ornitológico del mundo en Rossitten, entonces territorio alemán y hoy perteneciente al óblast ruso de Kaliningrado... El siglo XX, como con tantas otras cosas, aceleró y globalizó todo este proceso, que sin embargo aún tardó en alcanzar nuestro país.

A lo largo del XIX habían visitado Iberia diversas expediciones ornitológicas alemanas, británicas o francesas, entre otras las de Samuel Edward Cook, los hermanos Brehm, Charles Lucien Bonaparte, Irby, Saunders, Chapman y otros. Y habían publicado aquí sus obras pioneros como Jordán de Asso (ya en 1784), López Seoane, Arévalo y Vaca o Paz Graells. Sin embargo, según exponen los investigadores Javier Pérez-Tris y Tomás Santos en un artículo sobre la historia del estudio de las migraciones en España, en nuestro país solo se puede comenzar a hablar propiamente de ello a partir de 1952, con el inicio de las campañas de anillamiento en Doñana por parte de la Sociedad de Ciencias Aranzadi. Poco antes de ese año, en 1949, Francisco Bernis había publicado un artículo sobre el tema en las *Memorias de la Real Sociedad Española de Historia Natural*. En ese texto, tras un detallado relato de la evolución de los estudios sobre migración de aves en Europa y Norteamérica, Bernis llamaba la atención sobre el hecho de que «en 1930, diecinueve naciones europeas poseían centros o laboratorios anilladores, cuando en España no se había hecho un ensayo de tal cosa». En los siguientes setenta y cinco años todo cambiaría de forma radical.

Sin espacio aquí para narrar como merece el despegue y consolidación de los estudios de las migraciones de las aves en España hasta alcanzar el más alto nivel a nivel global, debemos consolarnos con mencionar algunos de los hitos que marcaron ese camino. Está, por ejemplo, la fundación en 1954, por parte de Bernis y otros, de la Sociedad Española de Ornitología, hoy SEO/BirdLife, y en 1957 de su Centro de Migración de Aves, a su vez impulsor en 1963 de la Unión Europea para el Anillamiento de Aves (EURING), entidad coordinadora de los programas europeos de anillamiento. También el inicio en 1976 del estudio sistemático de la migración de las aves por el estrecho de Gibraltar a iniciativa del propio Bernis, autor ya para entonces de tres monografías sobre las aves migratorias en general, en Iberia y en el Estrecho. A partir de la década siguiente, en coincidencia con la creación de la Oficina de Anillamiento (hoy Oficina de Especies Migratorias, perteneciente al Ministerio para la Transición Ecológica y el Reto Demográfico), comenzaron a proliferar y diversificarse tanto proyectos de investigación como publicaciones científicas. A la vez, crecía sin cesar el número de personas voluntarias que destinaban su tiempo libre a anillar aves: si en 1984 se había marcado ya a un millón de ellas, en el año 2000 la cifra ascendía a tres millones, y en 2021, a diez millones, cifra que junto a las 700.000 recuperaciones de aves anilladas supone una fuente de información extraordinaria; y no solo para saber más sobre los viajes de las aves, sino también sobre su reproducción, demografía, enfermedades, morfología, muda, identificación y taxonomía..., datos todos ellos de evidente utilidad para la conservación de las especies y sus hábitats. Según el propio Ministerio, hoy en día cerca de mil anilladores marcan en España casi 400.000 aves

al año, lo que nos sitúa entre los primeros países del mundo en esta labor. Lo hacen a través de tres entidades: SEO/BirdLife, la Sociedad de Ciencias Aranzadi y el Institut Català d'Ornitologia. También se ha intensificado en las últimas décadas el seguimiento sistemático del paso activo de aves tanto en el estrecho de Gibraltar como en el collado de Lindus o el cabo de Estaca de Bares, así como en muchos otros lugares, mientras que miles de observadores aportan diariamente a bases de datos como eBird, Ornitho, Observation u Observado una información asimismo de enorme valor. Por si todo ello no fuera suficiente, España es en la actualidad, después de Reino Unido, el país de Europa con mayor número de investigadores especializados en ornitología.

7. CÓMO SE ESTUDIAN LAS MIGRACIONES DE LAS AVES

Censo de aves en paso

«La observación directa de los pasos siempre tiene gran interés, y por lo que respecta a muchas aves, puede realizarse en gran escala, eligiendo un punto fijo, con tal de que se halle situado estratégicamente en una ruta, banda o confluencia de migración importantes», escribió Francisco Bernis en aquel artículo de 1949 que mencionamos antes. Este método consiste, como es fácil deducir, en ir contando las aves que pasan frente, alrededor o sobre ese «punto fijo» durante el mayor número de días y horas posible.

Anillamiento científico

Se trata de colocar una pequeña anilla de metal numerada con un código alfanumérico exclusivo en la pata de un ave silvestre. No es tarea fácil. Para empezar, hay que contar con el aval de una entidad científica o administrativa, lo que de forma general solo se logra tras aprobar un complicado examen que exige, además, la certificación de haber pasado por un periodo de prácticas junto a personas expertas en esta tarea. En

de diferentes colores. Otras más —por ejemplo en el caso de los gansos— se usan collares de plástico, asimismo grabados con cifras y letras, o placas alares, en el caso de especies planeadoras como los buitres.

Radares...

Durante la Segunda Guerra Mundial, los pioneros de los radares aéreos tardaron en comprender que lo que denominaron «ángeles», unas manchas que surgían en sus pantallas, eran bandadas de pájaros. Tras la contienda, muchos de aquellos radares fueron reciclados para rastrear precisamente aves migratorias en Europa y América. En la actualidad, este sistema se sigue utilizando por ejemplo a través de los radares meteorológicos NEXRAD de la Administración Nacional Oceánica y Atmosférica (NOAA) de Estados Unidos o de la Red Europea de Servicios Meteorológicos (EUMETNET), entre otros.

... Y planetarios

A finales de la década de los cincuenta del siglo pasado un matrimonio alemán, Edgar Gustav Franz Sauer y Eleonore Sauer, introdujeron currucas capirotadas, mosquiteras y zarcerillas en un planetario próximo a Bremen y estudiaron su comportamiento. Otro experimento muy parecido con azulejos índigos por parte de Stephen Emlen en Estados Unidos terminó por demostrar que esas y otras aves se orientan a través de la observación del cielo estrellado, una habilidad que aprenden desde que son todavía pollos fijándose sobre todo en cómo rota todo el firmamento alrededor de Polaris.

Seguimiento satelital, geolocalizadores y emisores de radio

Desde finales del siglo pasado los avances en telecomunicación, sistemas de posicionamiento geográfico y nanotecnología han hecho posible

esas prácticas se aprende por ejemplo a capturar las aves en redes, a retirarlas de estas con cuidado de causarles el menor estrés posible, a identificarlas y conocer su sexo y edad, a pesarlas y analizar su estado de muda..., y, por supuesto, a colocarles una anilla. Cuando esos ejemplares se recapturan, en ese o en otro lugar a cientos o miles de kilómetros de distancia, la información que se obtiene es de enorme valor.

Otros tipos de marcajes de lectura a distancia

En ocasiones se marca a las aves mediante otros sistemas que se combinan con el anterior, y que exigen idénticos permisos. Por ejemplo, con anillas de plástico, de colores e impresas con letras y números lo suficientemente grandes para permitir su lectura con prismáticos o telescopio. Otras veces se colocan combinaciones de anillas

la generación de diminutos aparatos capaces de ser transportados por aves para conocer, en algunos casos con todo detalle, no ya su situación exacta en el mapa, sino su altura de vuelo, su actividad cuando se detienen y muchas otras cosas. Se trata, por ejemplo, de transmisores vía satélite, geolocalizadores que estiman la longitud y la latitud en función de la hora del amanecer y el anochecer y de la duración del día, dispositivos de seguimiento con GPS o, más recientemente, *biologgers*, que integran tanto GPS como sensores de presión, temperatura o ritmo cardíaco, entre otros.

En la actualidad muchos de estos dispositivos envían sus datos vía GSM (el sistema global de comunicaciones móviles) a un servidor, desde donde se pueden descargar por ejemplo al teléfono o ser consultados en tiempo real desde un ordenador. A estos sistemas de seguimiento remoto se añade la creciente implantación del sistema MOTUS de antenas receptoras de señales emitidas por otros dispositivos tan diminutos que pueden incluso ser transportados por insectos. Todos estos aparatos consisten en un transmisor que se fija a las aves ya sea con una cinta o con un adhesivo. Pasado un tiempo determinado, una u otro se disuelven y el transmisor se cae.

Análisis de isótopos

Ciertos elementos químicos (hidrógeno, carbono, nitrógeno, oxígeno, sulfuro, estroncio...) tienen diferentes formas, llamadas «isótopos», que se distribuyen de manera única en el ambiente según la ubicación geográfica. Las aves absorben estos isótopos a través de su dieta y del agua que consumen y los incorporan así a sus tejidos, por ejemplo a las plumas. Al comparar la «firma isotópica» de esas plumas con bases de datos de isótopos ambientales de diferentes regiones geográficas, se puede determinar el lugar de origen de un ave y, en algunos casos, sus rutas migratorias.

Micrófonos en la noche

El 9 de octubre de 1492, todavía en pleno mar pero ya a solo unos días de encontrar tierra americana, Cristóbal Colón apuntó en su diario de a bordo: «Toda la noche oyeron passar páxaros». Hoy sabemos que la vía marina sobre el Caribe es una de las más utilizadas en sus viajes otoñales por muchas especies de aves americanas.

Cuatro siglos después, cierta noche de septiembre de 1896 el historiador y ornitólogo aficionado Orin Grant Libby contó nada menos que 3.800 llamadas de aves migratorias a lo largo de cinco horas desde una colina a las afueras de Madison (Wisconsin): «La atmósfera parecía a veces repleta de pájaros invisibles mientras sus reclamos sonaban, ahora agudos y cercanos, y ahora débiles y lejanos», escribió. Y añadió: «No era difícil imaginar que expresaban toda una gama de

emociones, desde ansiedad y miedo hasta camaradería y alegría». Quien haya tenido ocasión de experimentar una noche una escucha así conoce muy bien las sensaciones que Libby intentaba reflejar con estas palabras.

Desde entonces, la ciencia ha intentado registrar las voces nocturnas de las aves para saber más acerca de sus viajes. Pero es sobre todo en los últimos años, gracias a la grabación digital, a la posibilidad de acumular grandes cantidades de datos, a la proliferación de antenas parabólicas destinadas a este fin en concreto en hogares particulares, así como al uso de la inteligencia artificial para la identificación segura de las voces de cada vez más especies, cuando este tipo de seguimiento ha revelado su enorme potencial.

Modelos matemáticos

El creciente uso de modelos matemáticos complejos permite procesar y analizar los gigantescos volúmenes de datos resultantes de todo lo anterior para identificar patrones e incluso realizar predicciones.

El futuro

«Sankt-Johannes-Land»: la Tierra de San Juan. Esta fue la respuesta que trajo consigo de vuelta la cigüeña al sastre del pueblo de Heinrich Shliemann.

Cada solsticio de verano, poco antes del día de San Juan, tiene lugar mucho más que el cambio de la primavera al verano. A partir de ese día, aquí en el hemisferio norte, y como consecuencia de la «oblicuidad de la eclíptica», el Sol comienza a salir y ponerse cada vez más al sur sobre el horizonte. Y a estar más bajo en su cénit del mediodía, a la vez que los días se acortan y las noches se alargan. Para las aves, gracias a su habilidad para detectar el fotoperiodo, es un momento clave. También para nuestra especie: ambos solsticios, el de verano y el de invierno, han fascinado a todas las culturas desde que comenzamos a mi-

rar hacia el firmamento. Por ejemplo, para crear calendarios. Es decir: para ordenar el tiempo. Incluido el futuro.

Precisamente por eso la humanidad empezó a estudiar los astros: los movimientos del Sol, las fases de la Luna, las apariciones y desapariciones estacionales de planetas y constelaciones...

También hemos observado de esa manera a las aves.. Sus vuelos. Sus idas y venidas. En el Imperio Romano, por ejemplo, toda una clase sacerdotal, los augures, prestaban atención a sus vuelos en la creencia de que escondían señales respecto al porvenir. Esas señales podían ser, creían, fundamentales incluso para orientar decisiones de gran calado político.

Hoy, cuando hemos descubierto que también las aves observan las estrellas y la luz polarizada del Sol en busca de respuestas sobre la ruta que seguir, no podemos sino fascinarnos ante la enorme cantidad de preguntas que aún quedan por responder sobre sus largos viajes.

Para responderlas surgirán en las próximas décadas más y más personas empeñadas en esta investigación, y quizá nuevas herramientas tecnológicas que hoy quizá no podemos imaginar.

Esperemos que todo ello vaya acompañado de muy acertadas decisiones de índole política. Por el bien de la humanidad. Y también de las aves migratorias, amenazadas por no pocas consecuencias de nuestros errores.

8. AMENAZAS (Y OPORTUNIDADES) EN EL CAMINO

Migrar es un reto repleto de riesgos grandes y pequeños para todo pájaro. Hasta que alcanza su destino, y dependiendo la fortuna que tenga ante imponderables como la meteorología, la súbita aparición de un depredador o la presencia de escopetas, las amenazas que la acechan pueden llegar a ser constantes. Estas son algunas de ellas:

- **El mal tiempo.** Especialmente los fenómenos extremos, como las tormentas de arena, los temporales sobre el mar o las nieblas cerradas.

- **La desorientación.** Las aves pueden perderse, a pesar de sus habilidades para orientarse. En especial, si son jóvenes en su primer viaje hacia el sur y si pertenecen a especies que hacen esa primera migración en compañía de sus padres.

- **Las colisiones con infraestructuras humanas.** Muchas construcciones altas llegan a ser mortales para las aves migratorias. Así sucede con los rascacielos con paredes de vidrio reflectante, con las líneas eléctricas o con los parques de aerogeneradores cuando se levantan a lo largo de las rutas migratorias clave.

- **La pérdida de lugares de descanso.** Las aves migratorias necesitan lugares seguros donde detenerse a descansar y alimentarse durante sus trayectos. Los humedales son, por ejemplo, refugios para muchas de ellas. En el caso de numerosas especies de limícolas, también las playas. Cuando estos lugares se destruyen, o se molesta en ellos a las aves por ejemplo mediante ruidos o dejando correr libres a los perros, estas no tienen modo de recuperarse y reabastecerse.

- **Los depredadores.** Muchos depredadores tienen aves migratorias en su menú. Incluidos animales mantenidos por humanos: las cifras de aves muertas cada año por parte de gatos en países donde se ha hecho este cálculo, como Estados Unidos o Reino Unido, son escalofriantes.

- **La caza.** En todavía demasiados países las aves migratorias son objeto de caza legal o de verdaderas matanzas ilegales, como por ejemplo mediante trampas.

- **El calentamiento global.** Lo mismo que les ocurre cada vez más a las poblaciones humanas, las consecuencias de la crisis climática también afectan a muchas aves migratorias.

- **Las enfermedades.** Por ejemplo, en tiempos recientes, la gripe aviar.

A todas estas amenazas se suman las que afectan a todas las aves en general. Aquí en nuestro país, según el *Libro Rojo de las Aves de España* de SEO/BirdLife, editado con el apoyo del Ministerio para la Transición Ecológica y el Reto Demográfico, entre las más graves de cuantas afectan a nuestras aves amenazadas destacan la contaminación, la alteración de los ecosistemas, las prácticas cinegéticas, las especies exóticas invasoras, la agroganadería intensiva, el cambio climático y las perturbaciones y molestias humanas.

Al mismo tiempo, España es el país de la Unión Europea que más territorio aporta a la Red Natura 2000, con por ejemplo 658 Zonas de Especial Protección para las Aves, establecidas en virtud de la Directiva de Aves. Además, según el *Anuario 2023 de las áreas protegidas*, elaborado por EUROPARC-España, ese año existían en nuestro país 16 parques nacionales, 154 parques naturales, 294 reservas naturales, 367 monumentos naturales, 67 paisajes protegidos y dos áreas marinas protegidas, así como más de 800 espacios con otras figuras desarrolladas por las comunidades autónomas.

Si en todos esos lugares se aplicasen como exige la ley las normas de conservación, las aves encontrarían en cada uno de ellos los mejores hogares y lugares de parada. España es, además, firmante de convenios como el de Bonn, sobre la Conservación de las Especies Migratorias; el de Berna, relativo a la Conservación de la Vida Silvestre y del Medio Natural en Europa; el Acuerdo sobre la Conservación de las Aves Acuáticas Migratorias Afroeuroasiáticas (AEWA), el Acuerdo sobre la Conservación de Albatros y Petreles... y varios otros.

9. CÓMO AYUDAR A LAS AVES MIGRATORIAS

Cualquier persona, ya sea por su cuenta o de manera colectiva junto con otras, puede contribuir mucho más de lo que parece a ayudar a las aves migratorias. Hay muy diversas formas de hacerlo, en función de dónde o cómo vivas o en qué trabajes. Y, por supuesto, de tu capacidad de poner en marcha medidas de pequeño o enorme alcance dependiendo de que seas, pongamos por caso, un estudiante de Primaria o un muy alto cargo de una gran empresa o administración.

Entre ellas están, por ejemplo, integrarte en asociaciones ornitológicas y participar en sus actividades, así como en proyectos de ciencia ciudadana (de seguimiento de especies; o subiendo tus registros a plataformas como eBird y otras), mantener a los gatos dentro de casa, evitar con pegatinas u otros sistemas el impacto de aves contra vidrios, apagar de noche las luces de tu casa y de grandes construcciones, evitar la instalación de aerogeneradores y otras infraestructuras en zonas donde pueden constituir una amenaza para las aves, no soltar a los perros en las playas donde descansan aves y aplicar regulaciones en este sentido, renaturalizar tu jardín o los parques de tu pueblo o ciudad, instalar cajas anidaderas, apostar por la agroganadería ecológica, combatir las causas del cambio climático... ¡Etcétera!

10. CÓMO OBSERVAR AVES MIGRATORIAS

Muchas de las aves que viven a tu alrededor son migratorias. Unas especies llegan y se van en determinadas fechas. Otras, de paso, aparecen solo durante unas horas, unos días o unas semanas.

CÓDIGO ÉTICO DE LA OBSERVACIÓN DE AVES DE SEO/BIRDLIFE

El bienestar de las aves es lo primero.

El hábitat debe ser protegido.

El comportamiento de las aves no debe ser alterado.

Sé prudente a la hora de compartir información delicada sobre especies protegidas y colabora cuando observes una situación de riesgo para ellas.

No debes acosar a las especies divagantes ni rarezas.

Respeta la normativa sobre la protección de las aves en todo momento.

Respeta los derechos de los propietarios de las fincas y de los trabajadores del campo.

Respeta los derechos de las personas de la zona de observación y las normas básicas de seguridad.

Si quieres compartir tus citas, hazlo con prudencia y pensando que pueden mejorar el conocimiento.

Practica un modelo de turismo sostenible que contribuya al mantenimiento de entornos rurales amigables para las aves.

Puedes consultar el texto completo de este código ético en:

https://seo.org/wp-content/uploads/2018/09/Codigo_etico_aves_SEO_-2018.pdf

Para observarlas, nada como unos prismáticos. Los mejores son los de 8 y 10 aumentos. Si piensas acudir a paisajes abiertos como humedales, estepas o la orilla del mar, te vendrá además muy bien un telescopio terrestre. De unos y otros, prismáticos y telescopios, existen muy diversos modelos y precios en el mercado. Para asesorarte sobre ellos, y de paso informarte sobre la posibilidad de participar en diferentes excursiones y actividades, ponte en contacto con la gente pajarera de tu zona o haz una visita a las ferias ornitológicas que a lo largo del año se celebran en distintos lugares del país. Si lo que te apetece es contemplar en vivo y en directo los desplazamientos de grandes cantidades de aves viajeras, pregunta asimismo a la gente experta local y acude en cuanto tengas ocasión a los lugares donde este espectáculo llega a ser más extraordinario: los ya mencionados estrecho de Gibraltar, collado de Lindus, Estaca de Bares...

11. UNA COLECCIÓN DE RELATOS Y SONIDOS

En las páginas que siguen, una vez terminada esta parte general, este libro se convierte en una colección de relatos. De ficciones inspiradas en la realidad. Las acompaña una abundante información sobre las migraciones de sus principales protagonistas: treinta y seis especies de aves viajeras que atraviesan nuestra geografía durante sus periplos, o que vienen aquí a pasar la primavera o el invierno. También sobre los diferentes lugares donde suceden esas historias. Además, cada episodio, cada especie, cuenta con una breve banda sonora, una grabación a la que se puede acceder a través de un código QR.

Y es que, en lugar limitarnos a una mera descripción de esas migraciones, decidimos que sería una buena idea mostrarlas y a la vez celebrarlas mediante esos relatos. Es la misma fórmula por la que optaron, entre muchos otros, Jacques Delamain en *Por qué cantan los pájaros*, o la ya mencionada Rachel Carson en su extraordinario *Bajo el viento oceánico*.

Introduce esa colección de relatos una síntesis de cómo se desarrollan a lo largo del año los ciclos de las aves migratorias en nuestro país.

A continuación, y según avanza un calendario imaginario, se suceden esas historias. Cada una de ellas está acompañada por un mapa que muestra de manera panorámica las principales rutas que conducen a la especie protagonista a través de nuestro país, o las que siguen para llegar hasta aquí. Completa ese mapa una información acerca de esas migraciones suyas, y sobre el estado de conservación de esa especie.

Un tercer bloque de información aborda el escenario natural del relato, y aporta de manera sucinta datos prácticos para visitarlo.

El cuarto bloque está dedicado al sonido, a las vocalizaciones de cada especie. Se trata de una colección de cantos y reclamos que, como en la naturaleza, resuenan dentro de un escenario, de un paisaje sonoro. Es muy difícil registrar las voces de las aves en vuelo; a menudo se desplazan en frentes dispersos y por lugares inaccesibles a los micrófonos. Las algarabías de grullas, ánsares, el siseo de las alas de los patos, los silbidos de los abejarucos son la excepción. Muchas otras especies, de voces más discretas y paso nocturno, solo son detectadas, si acaso, gracias a sistemas de grabación pasiva como el llamado «Nocmig», que aporta cada año nueva información. Los reclamos de vuelo de todas ellas parecen multiplicarse ante algunas condiciones: nubosidad baja, zonas con iluminación artificial... Para el resto del trayecto, hasta el momento, el conocimiento sobre sus voces permanece, por así decir, en la sombra. Es por esto que en muchos los registros de este libro las viajeras vocinglean en los dos periodos en los que no viajan: en torno a los dormideros invernales y en sus territorios de cría.

Como colofón a todo ello, un último capítulo integra esas y otras grabaciones en una «suite migratoria» titulada *Cantando van*, una celebración esta vez de los sonidos de las aves que van de paso.

EL AÑO MIGRATORIO

El ciclo anual de las aves migratorias comienza... Esto depende de cada especie viajera. Y además, como ciclo que es, no tiene un inicio ni un fin exactos, sino más bien forma de rueda. Podríamos situar ese arranque con el del año humano, en ese salto de diciembre a enero que coincide con el solsticio de invierno. Pero es con la llegada de la primavera cuando más aves diferentes cambian de geografía. Así que, puestos a elegir, comenzaremos por el mes de ese equinoccio. En España, por cierto, se han registrado más de 650 especies de aves, pero en el resumen tan sintético que sigue solo caben algunas de ellas. Volaremos a continuación, en consecuencia, de forma muy rápida y panorámica a través de sus tan diversos calendarios.

En marzo son muchas las especies en marcha. Algunas parten del norte del África ecuatorial y ponen rumbo aquí como más al norte: collalbas grises, cigüeñas negras, golondrinas comunes, carricerines comunes, cercetas carretonas, cernícalos primilla, críalos europeos... Mientras tanto, comienzan a marcharse de Iberia hacia latitudes más altas otros muchos pájaros, como pinzones reales, lúganos, estorninos pintos o bisbitas pratenses. En el estrecho de Gibraltar se registran cada vez más milanos negros o culebreras europeas entrando a Europa, y pardelas cenicientas mediterráneas entrando al *Mare Nostrum*, mientras que en las costas atlánticas crecen las bandadas de alcatraces atlánticos y gaviotas sombrías con rumbo norte, y por los Pirineos fluyen en esa misma dirección, desde el mes anterior, más y más bandadas de grullas.

En abril ya se han instalado por muchas campiñas y bosques las currucas zarceras, los abejarucos, los torcecuellos, las terreras comunes o los aguiluchos cenizos que pasaron el invierno en África. Suenan ya en los campos los «pas-pa-llás» de las codornices, y cada vez más currucas mirlonas, currucas carrasqueñas occidentales, bisbitas arbóreos, escribanos hortelanos y ruiseñores comunes, mientras que se detienen en nuestros humedales crecientes grupos de limícolas, algunos rumbo a muy distantes destinos, como es el caso de los zarapitos trinadores, los combatientes o las agujas colipintas. Andan ya además en estos mismos paisajes las garzas imperiales, las garcillas cangrejeras, las canasteras, los carriceros tordales, los chorlitejos chicos, las pagazas piconegras, los charranes comunes, los fumareles comunes y cariblancos y los charrancitos comunes. Islas como Cabrera son, a la vez, parada y fonda de numerosos pequeños pájaros que vienen de cruzar sobre las olas. Vuelan además frente a nuestras costas mediterráneas grupos de gaviotas enanas, y frente a las atlánticas, de alcas y frailecillos, y siguen pasando por el Estrecho águilas calzadas o gavilanes comunes.

Es en mayo cuando resuenan por muchos rincones los arrullos de las tórtolas europeas que pasaron el invierno al sur del Sahara o la cháchara de los zarceros políglotas. En la mitad norte comienzan a instalarse los alcaudones dorsirrojos que vienen de haber cruzado Oriente Próximo, y en los roquedos los roqueros rojos, mientras que todavía son multitudes los abejeros europeos que cruzan el Estrecho. Muy al norte de aquí, en las regiones más árticas, especies que han pasado los meses más fríos en esta tierra comienzan también a anidar; lo mismo que en nuestras ciudades los recién llegados vencejos comunes.

Junio, en apariencia un mes sin demasiado movimiento, todavía es testigo, en su primera mitad, del trasiego por ejemplo de correlimos tridáctilos hacia el norte y a la vez de la llegada a las costas gallegas de los primeros zarapitos reales de regreso de haber criado en Francia, así como del creciente abandono del Mediterráneo por parte de las pardelas baleares, que van a pasar los próximos meses al Atlántico. Allá, en sus islas, están a punto de instalarse los halcones de Eleonora. A finales de mes aparecen, de vuelta del norte, los primeros andarríos grandes en pequeños y grandes humedales.

En julio las tundras y taigas rusas, escandinavas o groenlandesas bullen con la actividad de infinidad de familias que pronto comenzarán a aparecer por aquí. Pero no nos adelantemos a su calendario. En nuestro país muchas aves van terminando su cría, sus jóvenes se independizan y los adultos comienzan a mudar su plumaje. Mientras tanto, comienzan a llegar desde el norte los primeros cucos adultos, y a las costas y humedales, limícolas como correlimos zarapitines o andarríos bastardos. En la segunda mitad del mes, en los carrizales, comienzan además a presentarse los tan escasos carricerines cejudos, y a finales empieza el registro cada vez más numeroso de vencejos comunes hacia el sur por el collado de Lindus, en los Pirineos.

Unas semanas después, ya en agosto, ese mismo collado asiste al paso de bandadas de cigüeñas blancas. Muchas de ellas atraviesan Iberia hacia el Estrecho, que cruzarán a la vez que cada vez más milanos negros y aguiluchos cenizos, sobre todo en la segunda mitad del mes. Entonces parece que alguien haya dado la señal de salida de la más masiva carrera popular. Tarabillas norteñas, colirrojos reales, papamoscas cerrojillos y grises y muchos otros pequeños pájaros comienzan a pasar de camino al sur del Sahara. Si los vientos son propicios, además, desde cabos atlánticos como el de Estaca de Bares se pueden contemplar ya pasos muy espectaculares de charranes comunes y árticos, zarapitos trinadores, agujas colipintas, págalos parásitos y raberos, gaviotas de Sabine, fumareles comunes y otras especies marinas. Mar adentro, los paíños de Wilson comienzan a dirigirse hacia la Antártida.

Pero es en septiembre cuando ese movimiento es por todas partes más intenso. Siguen pasando hacia el sur del Sahara pequeños pájaros, entre ellos, además de los anteriores, lavanderas boyeras, mosquiteros musicales, carricerines comunes y collalbas grises, mientras que frente a las costas atlánticas vuelan, además de las ya mencionadas especies, cada vez más pardelas pichonetas y capirotadas, charranes patinegros, negrones comunes o págalos grandes y pomarinos. En los humedales se instalan por unas horas, o unos días, esos limícolas jóvenes y adultos que vienen de las tundras árticas: correlimos comunes, gordos y menudos, chorlitejos grandes, chorlitos grises, archibebes comunes y claros... Se van mientras tanto al sur las últimas carracas, y oropéndolas, autillos europeos, mosquiteros ibéricos, collalbas rubias, bisbitas campestres, águilas calzadas, alcaudones comunes y chotacabras grises y cuellirrojos. Los petreles de Bulwer abandonan sus colonias canarias, y cruzan a África águilas pescadoras, cigüeñas negras, abejeros europeos, alimoches o culebreras europeas.

Gran parte de todo ese éxodo continúa a comienzos de octubre. A mediados de este mes, además, ya cruzan los Pirineos enormes bandadas de palomas torcaces rumbo a nuestras dehesas, y a la vez se han ido marchando casi todas las tórtolas europeas, los abejarucos, los alcotanes, los aviones zapadores y comunes o las golondrinas comunes. Conforme se va notando cada vez más que es otoño, nuestros campos y bosques reciben de vuelta a mosquiteros comunes, lúganos, pinzones reales, zorzales alirrojos y reales, becadas, chorlitos dorados, milanos reales, esmerejones... Y nuestros embalses y humedales se van convirtiendo en lo que será el hogar invernal de porrones moñudos, ánades silbones y frisos, cucharas europeos y otros patos.

En noviembre las grullas que comenzaron a pasar a finales del mes anterior son ya toda una multitud tanto en tránsito por los collados pirenaicos como en sus lugares de parada preferidos, como es el caso de la laguna de Gallocanta, o en las dehesas extremeñas y andaluzas, que son sus destinos. Llegan además del norte los ánsares comunes a Doñana y Villafáfila, y las barnaclas carinegras a Santoña, y los mirlos capiblancos a las cumbres del sistema Ibérico o Canarias, y comienzan a verse grandes grupos de chorlitos dorados y avefrías en nuestros territorios más abiertos. Frente a las costas atlánticas vuelan gaviotas tridáctilas, falaropos picogruesos, alcas, araos y frailecillos. Parte de estos últimos, y de las alcas, entran luego por el Estrecho hacia el Mediterráneo, de donde salen a la vez las últimas pardelas cenicientas mediterráneas.

Diciembre es otro mes tranquilo, con casi todas las aves establecidas en sus zonas de invernada. Unas allá en África, otras aquí. Con todo, si este mes o el que viene se presenta muy frío en el norte de Europa, a veces huyen hacia Iberia grandes números de zorzales, avefrías o chorlitos dorados. Sigue existiendo además oportunidad de ver muchos álcidos y gaviotas tridáctilas desde las costas atlánticas, en cuyas rías y bahías ya se han instalado los colimbos grandes y chicos. Hacia final de año, algunas espátulas comunes que han estado en África ya regresan al sur de Andalucía.

La cosa no cambia mucho en enero. De hecho, es a mediados de este mes cuando se realizan los censos de aves acuáticas invernantes en toda Europa: patos y otras especies apenas se desplazan, y así se aprovecha para conocer, con el tiempo, la evolución de sus poblaciones. Aun así, en este mes ya empiezan a cruzar hacia España por el estrecho de Gibraltar bandadas de cigüeñas blancas y algún milano negro.

En febrero se comienza a activar de nuevo el desplazamiento de numerosas especies. Los milanos reales comienzan a marcharse hacia el norte por el País Vasco o los Pirineos, lo mismo que frente a Galicia las gaviotas sombrías y los alcatraces atlánticos. Por el Estrecho ya entran a España las primeras cigüeñas negras, alimoches, águilas culebreras o aguiluchos laguneros. Es además el momento del paso más intenso de las agujas colinegras por lugares como las extremeñas Vegas del Guadiana, el del inicio de la marcha paulatina de los patos y grullas invernantes y el de la llegada al sur de las primeras golondrinas comunes que vienen del sur de más allá del Sahara.

Y ya estamos de nuevo en marzo... La rueda ha dado una vuelta completa. Por supuesto, como decíamos antes, todo esto no es sino un resumen inevitablemente muy básico, con infinidad de pequeñas y grandes excepciones para cada una de las especies mencionadas.

Ahora pasemos a los relatos. A conocer un poco mejor, a través de ellos, cómo son las viajeras vidas de algunas de nuestras aves migratorias.

Treinta y seis
historias viajeras

CIGÜEÑA NEGRA

Marzo

ESTRECHO DE GIBRALTAR

EL GRAN CRUCE

Cruzar este corredor entre continentes se parece un poco a navegar con Frodo y Bilbo al pie de aquellas estatuas colosales de los reyes Isildur y Anárion que se erguían a ambos márgenes del río Anduin en *El Señor de los Anillos*. Algunos historiadores opinan que las famosas Columnas de Hércules, que los textos de la Antigüedad situaban aquí mismo, eran una representación mitológica del peñón de Gibraltar, en el lado europeo, y del monte Jebel Musa, en el africano.

Por este estrecho de Gibraltar se ha navegado desde el inicio de la historia: fenicios, griegos, romanos... Hoy siguen surcando estas aguas grandes mercantes, ferris, yates de recreo y un sinfín de embarcaciones más. Comparten sus pasos con los de ballenas, tortugas bobas o atunes rojos. También con aves. Con muchísimas aves. Se ha estimado que anualmente cruzan por aquí, en cada una de sus migraciones estacionales, medio millón de grandes planeadoras, como cigüeñas y rapaces, casi un millón de ejemplares de especies marinas, como pardelas o frailecillos, y probablemente más de treinta millones de pequeños pájaros.

Ahora mismo, mientras marzo camina hacia abril, son de hecho varias las bandadas que están saltando de un continente a otro. Una de ellas está integrada por seis cigüeñas negras. A su alrededor, unas más altas, otras casi a ras de agua, vuelan además águilas calzadas, culebreras europeas o milanos negros, entre otras aves.

En compañía de elefantes

Esas cigüeñas negras comenzaron su viaje hace días muy al sur de Burkina Faso, casi en la frontera con Ghana. Lo hicieron cobrando

altura sobre el ancho paisaje que las acogió durante el invierno: una sabana de acacias atravesada por el río Sissili en la que no es raro encontrar elefantes. De hecho, desde que llegaron allí a finales de octubre han coincidido en numerosas ocasiones con ellos, sobre todo a orillas del río y de varias lagunas. Cuando caía la noche, y ellas volaban a concentrarse con otras de su especie en dormideros comunales, escuchaban de lejos los barritos de ellos, mezclados con el jaleo nocturno de los babuinos e incluso el rugido de algún león.

Ahora lo que suena bajo ellas es un fragor suave de olas, el runrún impertinente de varios grandes buques y los aullidos de unas gaviotas patiamarillas que han comenzado a acosar a una culebrera europea.

Una senda en el cielo

Esta vez el cruce va a ser fácil. La brisa es suave. Nada que ver con cuando, en septiembre del año pasado, tuvieron que abortar el intento.

Aquel día el levante llevaba soplando casi una semana, y pareció que por fin aflojaba. Al alzar el vuelo del valle del Santuario, cerca de la antigua laguna de La Janda, no parecía que fuera a ponerse de nuevo tan duro. Quizá la exhortación de su estirpe a continuar hacia el África sin más paréntesis las animó en exceso. El caso es que lo intentaron. Y que en su justo momento supieron renunciar. Continuar habría sido temerario. Un par de días después, las condiciones mejoraron y pudieron seguir hacia el sur.

Hoy hacen el camino inverso, con leves aleteos de sus largas y anchas alas y prolongados planeos. El sol de media mañana extrae de sus plumas negras la más completa paleta de brillos irisados. Su formación es algo desordenada, pero compenetrada. A veces se desvían un poco de la línea recta, como si siguieran una senda invisible y algo sinuosa en el éter.

«¡Bienvenidas!»

Desde el observatorio de aves planeadoras de Punta Camorro, con sus prismáticos y telescopios, un grupo de gente las ve venir hacia España. Este observatorio está a un paso de Tarifa y del Centro para la Investigación de la Migración y el Cambio Global (CIMA), mantenido por la Fundación Migres para el estudio científico y la divulgación del fenómeno migratorio.

Cuando las cigüeñas negras pasan altas sobre el grupo de observadores de aves, a alguien se le escapa un «¡Bienvenidas!». Los demás ríen. Son las primeras de su especie que ven esta mañana. No pueden saberlo, claro, pero a esta pequeña bandada que acaba de cruzar el Estrecho aún le queda mucho viaje. Su destino es un robledal en la República Checa, a más de 2.000 km de aquí... Y a cerca de 5.000 km de las manadas de elefantes que dejaron en Burkina Faso.

Faro de Punta Carnero

 # El Campo de Gibraltar

El Campo de Gibraltar y los paisajes de la antigua laguna de La Janda conforman el mejor destino para presenciar los desplazamientos de infinidad de aves planeadoras de toda Europa occidental antes y después de cruzar el Estrecho.

Varios observatorios permiten disfrutar del gran espectáculo. En primavera los mejores acostumbran a ser los de Punta Carnero, junto al faro de igual nombre, Mirador del Estrecho y Punta Camorro. El segundo también es estupendo a partir de verano y en otoño. Destacan entonces además los de El Algarrobo y Cazalla. Eso sí: los movimientos sobre unos y otros dependen siempre de la fuerza y el origen del viento. Una buena idea es contratar los servicios de una de las empresas de turismo ornitológico de la zona.

Entre Tahivilla y Benalup-Casas Viejas, la extensión de lo que fue la laguna de La Janda acoge con frecuencia notables concentraciones de aves que o bien vienen de cruzar el Estrecho o bien aguardan a que cambien los vientos para hacerlo.

Entre las entidades que desarrollan aquí un mayor esfuerzo de seguimiento y conservación de las aves y sus hábitats destacan la Fundación Migres, el Colectivo Ornitológico Cigüeña Negra o la Asociación de Amigos de La Janda.

Rutas principales de las poblaciones de cigüeña negra que vienen a España en primavera o atraviesan nuestra geografía durante sus viajes

● Zona de cría

● Zona de invernada

● Presente todo el año

⇄ Rutas migratorias

OCÉANO ATLÁNTICO

Mar Mediterráneo

OCÉANO ATLÁNTICO

Los viajes de las cigüeñas negras

Se ha estimado que son en torno a 3.500 las cigüeñas negras que cruzan el estrecho de Gibraltar en sus migraciones. Sus áreas de cría salpican desde zonas del oeste y del centro de Iberia y el centro de Francia hasta la República Checa, Austria o Hungría, donde las poblaciones de esta especie optan por dos rutas diferentes: la que atraviesa Iberia y otra que sobrevuela la cuenca del Nilo, Oriente Próximo y Turquía y el Bósforo. El primer recorrido es el preferido por las tribus de esta especie del occidente europeo. Eligen el segundo las más orientales, que llegan hasta Rusia. Unas pocas más se deciden por una ruta intermedia: «saltar» el Mediterráneo de Italia a África.

Además, cada año se quedan a pasar el invierno en España unos pocos cientos de ejemplares, concentrados en el cuadrante suroccidental.

La ruta occidental parte a comienzos de primavera de la sección del Sahel que se extiende entre la costa atlántica y Níger. Tras atravesar el Sahara en una amplia banda de paso, las cigüeñas negras se concentran sobre el Estrecho y atraviesan después España y Francia rumbo a sus áreas de reproducción. Su viaje otoñal es muy similar. Tanto en uno como en otro suelen detenerse cerca de una semana en varios lugares estratégicos, muchos de ellos en nuestro país.

El *Libro Rojo de las Aves de España* de SEO/BirdLife cataloga a esta especie como «vulnerable» y destaca entre las amenazas que padece la alteración de su hábitat por la gestión hidrológica y para la generación de electricidad, las consecuencias de la sequía en las zonas húmedas donde obtiene su alimento, las molestias humanas en el entorno de sus nidos y la inacción de las administraciones públicas.

CIGÜEÑA NEGRA
Ceremonias en el nido

Entre las cigüeñas, las ceremonias de salutación cada vez que un macho o una hembra llega al nido son siempre muy aparatosas. Pero si las parejas de cigüeñas blancas se saludan haciendo castañetear sus picos, las negras se reconocen, sobre todo, por medio de unos silbidos disilábicos, enlazados por profundos suspiros y acompasados con sacudidas verticales de las cabezas y cruce de picos. Estos protocolos son más frecuentes al comienzo de la época de cría y se van espaciando a medida que los pollos crecen. Las cigüeñas solo aportan sus silbidos, pero los cortados rocosos donde tan a menudo crían ponen el resto: las voces de roqueros solitarios, aviones roqueros, buitres leonados y cuervos con los que comparten espacio vertical, por un lado; pero también amplificando todos los sonidos cada vez que rebotan en las paredes de roca y se estiran en forma de eco y reverberación.

AGUILUCHO LAGUNERO OCCIDENTAL

Marzo

NORESTE DE MALLORCA, ISLAS BALEARES

DESDE LA TORRE

Una mole inmensa de caliza, de perfil casi triangular, se recorta contra el cielo azul y el lejano horizonte marino. Dos aguiluchos laguneros occidentales, algo separados entre sí, avanzan hacia ella mientras detectan hacia su izquierda, muy lejano, a un grupo de buitres negros, y a su derecha, sobre las lejanas olas, los destellos de varias gaviotas patiamarillas y de Audouin. Frente a ambas rapaces, en el pico de esa montaña, se eleva una antigua torre en forma de tronco talado.

La *talaia* de Albercutx, en el extremo nororiental de Mallorca, es uno de esos lugares desde donde se ven muchas más cosas de lo que a primera vista parece.

Desde sus 380 m sobre el nivel del mar se divisan, para empezar, tanto las más altas cumbres de la sierra de Tramontana como parte del cabo Formentor; y toda la bahía de Pollença, hasta el monte de la Victòria. También la llanura rural donde brilla la lámina de agua de la Reserva Natural de s'Albufereta, y el istmo de Alcúdia. Y el Mediterráneo, por supuesto, en el que asoma la silueta de Menorca allá por donde sale el sol en verano.

También se contemplan desde aquí muchos capítulos de la historia de Mallorca. Por ejemplo, cuando el corsario otomano Turgut Reis, protegido de Barbarroja, atacó en 1550 Pollença. Sin éxito: no pudo tomarla, aunque se llevó consigo varias decenas de cautivos que probablemente acabaron vendidos como esclavos. No era el primer ataque pirata. Ni sería el último. Dos décadas después, se levantó esa torre que todavía hoy, tras más de un arreglo desde entonces, sigue en pie. La carretera que lleva hasta ella fue construida entre 1937 y 1942 por otros cautivos castigados a vivir como esclavos: presos republicanos condenados a trabajos forzados por su ideología.

taformas digitales como eBird y en publicaciones como el *Anuario Ornitológico de las Baleares*.

Los dos aguiluchos, ya a pocos cientos de metros, revelan sus hombros y cabezas pálidos mientras comienzan a ciclear como quien evalúa desde varias alturas el volumen de un gran reto. Descubren así que poco más allá de la torre el monte se precipita en forma de acantilado hacia las rompientes marinas.

Una curruca balear reclama desde su escondite entre la maquia. Le responden distante una curruca cabecinegra y el balido de una cabra, una de las muchas que pululan por entre estos peñascos. Un cuervo pasa roncando. Los dos aguiluchos escuchan todo eso mientras siguen ascendiendo por entre varios aviones roqueros que parecen trenzar una madeja invisible. A continuación, pasando sobre la torre, se deslizan con las alas muy extendidas hacia el mar abierto.

Doble salto marino

Va a ser la segunda vez que lo hagan en este viaje. Su primer salto sobre olas y más olas fue hace unos días, cuando recorrieron los cerca de 300 km entre Argelia y este archipiélago. Antes, tras zarpar del sur de Mali, atravesaron otra inmensidad: el desierto del Sahara. Aquí en Mallorca han disfrutado de unas breves jornadas destinadas a repostar y descansar. Hoy han decidido continuar.

Si alguno de los turistas que se concentran en el mirador de Es Colomer, al pie de Albercutx, echase la vista hacia el cielo, no los vería por la enorme altura a la que van. Por su parte, ninguna de las dos rapaces presta ya atención a otra cosa que no sea mantener el rumbo norte.

Desde la *talaia*, mientras tanto, el grupo de voluntarios detecta la llegada de otros tres ejemplares. La jornada promete, se dicen mientras apuntan estas nuevas observaciones.

Cada primavera, además, se ven venir aves. Igual que ahora mismo esos dos aguiluchos laguneros occidentales, suelen llegar muy altas sobre la playa de Cans o el port de Pollença, o sobre las últimas laderas de la Tramontana, y tras pasar por aquí se lanzan luego a cruzar la inmensidad marina que separa esta isla de las costas de Cataluña y Francia.

Voluntariado en la cumbre

Muchas mañanas de cada primavera un puñado de gente voluntaria se cita al pie de esa torre de Albercutx para estudiar el paso de aves. Sus prismáticos y telescopios escrutan las distancias en busca de minúsculas siluetas. Su maestría para identificar cada una de ellas es fruto de infinidad de horas de dedicación y entusiasmo. Se avisan de cuanto descubren y lo anotan luego con todo detalle. Publican después sus resultados en pla-

El noreste de Mallorca

El noreste de la isla de Mallorca reúne una de las mejores colecciones de ecosistemas para observar diferentes especies de aves de todo el archipiélago.

Muy cerca de la *talaia* de Albercutx, desde donde se cuentan más de 500 aves planeadoras cada primavera, está por ejemplo el valle de Bóquer, que reúne muchos días en esas mismas fechas numerosas especies de pequeños pájaros migradores: currucas, mosquiteros, papamoscas... También el mirador de Es Colomer, ideal a partir de mayo para disfrutar de los vuelos de los halcones de Eleonora. O el faro de Formentor, doblado con frecuencia por pardelas cenicientas mediterráneas y pardelas baleares.

Más hacia el sur, los espacios protegidos de s'Albufereta y de s'Albufera son dos humedales de visita obligada. Antes de acudir al segundo, consulta sus horarios de apertura y cierre. Su red de senderos lleva de un observatorio a otro y, por tanto, de una sorpresa a otra. Desde ellos se puede ver una muy notable diversidad de especies que incluyen, en diferentes fechas, focha moruna, calamón, carricerín real, avetoro, avetorillo, garcilla cangrejera y gran diversidad de limícolas y patos, entre muchas otras.

Talaia de Albercutx

Rutas principales de las poblaciones de aguilucho lagunero occidental que vienen a España en primavera o atraviesan nuestra geografía durante sus viajes

OCÉANO ATLÁNTICO

Mar Mediterráneo

- ● Zona de cría
- ● Zona de invernada
- ● Presente todo el año
- ⇄ Rutas migratorias

Los viajes de los aguiluchos laguneros

Extendido como reproductor por gran parte de Europa, el aguilucho lagunero occidental utiliza nuestro país tanto como zona de paso migratorio como para criar e invernar. El *III Atlas de las aves en época de reproducción en España* de SEO/BirdLife, por ejemplo, recoge el censo de 1.149-1.494 parejas reproductoras a comienzos de este siglo, con clara tendencia al alza y concentradas sobre todo en Castilla-La Mancha, Castilla y León, Navarra y Andalucía. Y señala, además, que en invierno a esta población, que se comporta como sedentaria, se suman ejemplares llegados del norte de Europa.

Al mismo tiempo, cada primavera y otoño sobrevuela la península ibérica y las islas Baleares un gran flujo de estas rapaces, que llega a unir las áreas subtropicales al suroeste del Sahara con el sur de Escandinavia. Muchas cruzan en sus desplazamientos el estrecho de Gibraltar, mientras que otras toman vías más orientales, tanto sobre Baleares como sobre el sur de Italia. Según un proyecto de marcaje con emisores satelitales, las poblaciones reproductoras en los Países Bajos o el sur de Suecia atraviesan la mitad oriental de Iberia en sus viajes, cruzando tanto los Pirineos como el estrecho de Gibraltar y áreas adyacentes. Los primeros tienden a invernar más al sur que los segundos.

Marzo y abril son los mejores meses para presenciar su paso en primavera. En otoño este se concentra sobre todo en septiembre y octubre. Otro lugar más donde contemplar entonces ese flujo suyo es por ejemplo el collado de Lindus, inmediato a la frontera de Navarra con Francia.

AGUILUCHO LAGUNERO OCCIDENTAL
A unos palmos sobre el carrizal

Dos aves, un macho y una hembra, revuelan casi rozando los penachos de los carrizos, se enredan entre ellas, sincronizan los movimientos con rápidas series de gritos agresivos, muy rápidos —hasta seis por segundo—, en *staccato*. Podría tratarse de un cortejo, pero también de una pelea sobre los límites territoriales. No es un comportamiento frecuente, ya que los laguneros son, en general, bastante silenciosos. Sus gritos, tan parecidos a los de un cernícalo, se confunden con la maraña en la que se enredan las demás voces del carrizal: trompeteos y gritos nasales de las gallinetas, matraqueo de los carriceros comunes y tordales, gruñidos de los calamones.

AGUJA COLIPINTA

Abril

COMPLEXO INTERMAREAL UMIA - O GROVE, GALICIA

COMO AGUJAS DE BRÚJULAS

Un hipopótamo emerge de entre unas olas suaves, se acerca a la orilla y echa a caminar por la playa. A los pocos pasos se detiene. Mientras el agua salada termina de resbalar por su corpachón, parece meditar. Es como si hubiese dejado algo olvidado en los fondos someros que acaba de abandonar y sopesase si regresar o no.

El arenal es pálido y estrecho, apenas una franja de transición entre el océano y la selva. Sí, el océano: este es un hipopótamo marino. Aunque claro, así expresado, suena un poco raro, cuando lo cierto es que pertenece a la misma especie que cualquier otro hipopótamo africano. Lo que sucede es que en esta isla de Orango, una de las que integran el archipiélago de Bijagós, frente a Guinea-Bissau, los suyos encuentran su alimento en el mar de igual manera que en el continente lo hacen en ríos y lagos.

Alguien lo observa desde lejos, con unos prismáticos. Es uno de los clientes del Orango Parque Hotel, gestionado por la ONG española Fundación CBD-Hábitat en el norte de la isla. Ha venido a hacer fotos. Cuando va a coger su cámara para retratar al hipopótamo, escucha sobre sí unos repentinos reclamos de aves. Busca rápido su origen en el cielo azul y localiza una bandada de aves.

Son cerca de sesenta agujas colipintas. Van y vienen volando sobre la playa, la selva y el mar. Las fotografías las capturan cada vez más distantes, así que el observador termina por bajar la cámara y limitarse a contemplar sus giros, cada vez más altos, hasta que comienzan a alejarse hacia el norte y terminan por perderse en la lejanía.

Se han calculado en torno a 130.000 las agujas colipintas que pasan el invierno en las costas de Guinea-Bissau. Allí, mientras se prolongan los meses más fríos y oscuros en el norte del globo, ellas aprovechan como nadie las excelentes condiciones de esos paisajes tropicales: temperaturas muy agradables, extensas llanuras intermareales con gran abundancia de pequeños moluscos y crustáceos y mucha tranquilidad.

De tamaño similar al de una paloma, pero con las patas y el pico mucho más largos, llegan a finales de verano desde muy lejos y se quedan hasta que asoma la primavera. Entonces se vuelven por donde vinieron.

Esas sesenta que han pasado sobre el hipopótamo y su observador acaban de comenzar su migración.

oeste del litoral de Mauritania y, más adelante, no tan lejos de El Hierro y La Palma, las más occidentales de las islas Canarias. La lejana silueta de Cumbre Vieja, donde la erupción del volcán Tajogaite provocó tantos daños en 2021, fue la última tierra que divisaron antes de internarse de nuevo en la inmensidad del paisaje oceánico.

Su rumbo, cada vez más inclinado hacia el noreste, las condujo entonces, en línea casi recta, hasta las Rías Baixas gallegas. Allí encontraron, por primera vez tras cerca de 3.500 km de vuelo, unos duros vientos de cara que las obligaron a detenerse. Lo hicieron en la ensenada de O Vao, una amplia llanura intermareal que, protegida por la gran playa de A Lanzada, se extiende al sur de la isla de A Toxa.

Hasta que cese el viento

Aquí siguen, disfrutando en bajamar del marisco gallego en su más diminuta expresión: sus largos y flexibles picos sondean el fango para descubrir moluscos y crustáceos. Van recuperando energías. Y es que todavía no han cubierto ni la mitad de su viaje migratorio.

Continuarán en cuanto cese el viento. Su siguiente parada será la costa del mar de Frisia, entre los Países Bajos y Dinamarca. Después darán otro gran salto sobre el sur de Escandinavia hasta su destino final: las tundras de la siberiana isla de Taimyr, en plena Reserva Natural Gran Ártico, a casi 10.000 km de donde partieron. Allí se emparejarán, pondrán sus huevos... Pero por ahora les toca esperar.

Mientras tanto, ha subido la marea. Las agujas colipintas descansan agrupadas, con sus picos bajo las alas. Si las aves sueñan, cosa que no sabemos, quizá alguna de ellas lo haga con su todavía lejano hogar en el Ártico ruso. O con un hipopótamo saliendo del mar.

De las Bijagós a O Grove han pasado tres días completos.

Y durante todo ese tiempo, día y noche, la bandada de agujas colipintas no ha dejado de volar. Con sus largos picos apuntando siempre hacia el norte, igual que agujas de brújulas aladas, se dirigieron primero hacia la península de Cabo Verde, junto a Dakar. Frente a ella volaron sobre pateras multicolores desde las que los pescadores recogían redes repletas de peces. A continuación se alejaron cada vez más de la costa. Pasaron así muchas millas al

El Complejo Intermareal Umia - O Grove

La ensenada de O Vao es uno de los muchos lugares para observar aves en el Complejo Intermareal Umia - O Grove, uno de los grandes humedales litorales del noroeste peninsular, protegido como ZEPA y por el Convenio Ramsar.

Varios observatorios situados en el mismo istmo arenoso de A Lanzada, junto a la carretera que lo atraviesa rumbo a O Grove, se asoman a su amplia extensión. Son el mejor lugar desde donde contemplar la gran cantidad de limícolas y patos que llegan a reunirse aquí tanto en pleno invierno como durante las migraciones. Los mejores momentos para ello son cuando comienza a bajar la marea o cuando termina de subir: es entonces cuando diferentes especies de limícolas como agujas, correlimos, archibebes, zarapitos o chorlitos están más concentradas en menor extensión de fango, mientras que las siluetas de las anátidas despuntan en la superficie del agua, y destacan aquí y allá los grupos de diferentes gaviotas, espátulas, garzas y garcetas.

Otros lugares muy próximos donde observar aves son las lagunas de A Bodeira y Rouxique. También Punta Carreirón, así como la propia playa de A Lanzada.

Complejo Intermareal Umia - O Grove

Rutas principales de las poblaciones de aguja colipinta occidental que vienen a pasar el invierno en España o atraviesan nuestra geografía durante sus viajes

Mar Mediterráneo

OCÉANO ATLÁNTICO

● Zona de cría

● Zona de invernada

→ Migraciones de la subespecie *Limosa lapponica lapponica*

→ Migraciones de la subespecie *Limosa lapponica taymirensis*

Los viajes de las agujas colipintas

En octubre de 2022 una aguja colipinta de solo cuatro meses de edad estableció un nuevo récord mundial tras completar en once días una migración sobre el océano Pacífico de 13.560 km entre Alaska y la isla de Tasmania, al sur de Australia. Es el vuelo sin escalas más largo documentado hasta el momento.

Las agujas colipintas que visitan España en sus migraciones también trazan sobre el mapa rutas impresionantes. Pasan por aquí dos subespecies diferentes. La ciencia denomina a las que se reproducen en el norte de Siberia *Limosa lapponica taymyrensis*, y a las que crían en Escandinavia, Finlandia y el extremo oeste de Rusia, *Limosa lapponica lapponica*.

Las primeras acuden en invierno hasta la costa occidental de África, con paradas estratégicas tanto a la ida como a la vuelta en las extensas llanuras intermareales del mar de Frisia, entre países Bajos y Dinamarca. De hecho, si no encuentran una meteorología adversa en sus vuelos, solo se detienen en ese lugar, completando así su migración en dos etapas de cerca de 5.000 km cada una.

Las segundas, además de criar más cerca, no van tan lejos: se quedan en el noroeste y oeste de Europa. Por ejemplo, en nuestro país: según los censos más recientes disponibles, invernan aquí una media de 3.800 de las suyas, distribuidas tanto por los humedales de Andalucía (buena parte de ellas en el Parque Natural de la Bahía de Cádiz) como, en menor proporción, por el litoral de Galicia.

El deterioro de los humedales donde descansan y repostan en sus migraciones, así como las consecuencias de la crisis climática y el creciente adelanto de la primavera en sus destinos norteños, están entre los factores que más afectan a ambas subespecies de agujas colipintas.

AGUJA COLIPINTA
Llamada de alerta

Un mensaje de inquietud corre por un grupito de agujas colipintas diseminadas por una inmensa planicie enfangada, una albufera en la costa atlántica meridional. Sus potentes chillidos dobles —«ki-uic»—, espaciados y repetidos una y otra vez, propagan lo que parece una señal de alarma por la llanura de barro. Aquí, allá, cerca, lejos. Tan diseminadas como ellas, otras aves de los limos rebuscan la comida. Se acerca el final del invierno —es febrero, pero es el sur— y los zarapitos reales empiezan ya a modular sus enrevesados mensajes.

ÁGUILA PESCADORA

Abril

BAHÍA DE SANTANDER, CANTABRIA

Por fin ha llegado. Cuando ha tenido ante sí las dunas de El Puntal, ha empezado a sentirse en casa. Al cruzar sobre el puente que une Somo y Pedreña, a solo unos cuantos batidos de alas de su gran nido en su atalaya favorita, no ha podido dejar de emitir un agudo reclamo.

Unos segundos después ya está posado en esa ancha copa de gruesas ramas en lo alto de un poste hincado en el fangal. En pocas semanas, si tiene la misma fortuna que en las últimas temporadas de cría, nacerán ahí mismo sus hijos.

Se llama Txuriko. Su biografía es uno de los capítulos más inspiradores de la historia de la recuperación de la naturaleza en el norte de España.

Un escocés en el Cantábrico

Lleva varios años yendo y viniendo entre la costa occidental de África y el estuario del río Miera, conocido como ría de Cubas, en la sección oriental de la bahía de Santander. Aunque se ignora dónde vive desde que se va en septiembre hasta que regresa en marzo, sí se sabe que la mayoría de las águilas pescadoras del oeste de Europa se concentran en esas fechas en los grandes humedales

que se extienden por el litoral de Senegal, Gambia y Guinea-Bissau, a unos 3.500 km de aquí.

Txuriko nació en Escocia, donde las águilas pescadoras se benefician desde hace décadas de un exitoso proyecto de recuperación de su especie que, a partir de determinado momento, permitió prestar pollos recién nacidos a otras regiones con iniciativas similares. Así fue como viajó de muy pequeño a la Reserva de la Biosfera de Urdaibai, en el País Vasco, donde con otros jovenzuelos fue acogido por el personal del Urdaibai Bird Center. Allí creció, se acostumbró a los aires del Cantábrico hasta considerarlos su tierra, aprendió a volar y se independizó para partir por primera vez a África.

Un empeño personal

Tanto allá en Escocia como en el Urdaibai Bird Center fueron personas muy concretas quienes se empeñaron en implicarse en la recuperación de las águilas pescadoras, y en contagiar ese compromiso a muchas otras, y a diversas entidades públicas y privadas. Lo mismo sucedió aquí en la ría de Cubas. Con un ánimo y un tesón no tan diferentes de los que llevan y traen en-

tre Europa y África dos veces por año a cada vez más pescadoras, quien en este caso emprendió la aventura de intentar que esta especie criase fue el ornitólogo santanderino Carlos Sainz.

Todo comenzó en forma de sueño, cuando vio en este humedal su primer ejemplar allá por 1999. Por entonces, las crónicas hablaban de que la última vez que las águilas pescadoras habían intentado criar en el Cantábrico español había sido en los años sesenta en la localidad de Ribadesella.

Tras el cambio de siglo, fueron apareciendo en la bahía de Santander cada vez más ejemplares en paso, y los primeros invernantes. El primero, llamado El Conde, repitió destino durante catorce años. Carlos decidió entonces dar el paso. Logrados los permisos pertinentes y creado el Colectivo Osprey Centre, sin ánimo de lucro, en 2017 la ría de Cubas ya contaba con dos postes con plataforma, ideales para águilas pescadoras en busca de casa propia.

De Vanda a Marina y de Marina a Landa

Así fue como en la primavera de 2017 llegó Txuriko, formó pareja con una hembra llamada Van-

da e intentó criar por primera vez. No tuvieron éxito. Ni ese ni los siguientes cuatro años. En 2021 Vanda no regresó de África. Fue sustituida en 2021 por Marina, con quien Txuriko tampoco logró descendencia. La cosa no pintaba muy bien. Cuando Marina regresó con el propósito de intentarlo de nuevo en 2022, se encontró con una fea sorpresa: Txuriko se había buscado otra pareja, llamada Landa. Durante dos meses, Carlos y sus voluntarios presenciaron riñas, persecuciones y peleas, hasta que descubrieron que Landa había puesto dos huevos. Miera y Mouro fueron las primeras dos pescadoras que nacieron en el Cantábrico ibérico en sesenta años.

Posado en su atalaya, y como quien se frota las manos antes de emprender una tarea, Txuriko extiende sus alas y las bate con fuerza. A continuación, permanece en apariencia pensativo. Cualquiera diría que recapitula acerca del viaje que acaba de terminar, o que valora las tareas que tiene por delante. La primera de ellas, decide, es comer.

Un rato después, tras sobrevolar atento la ría, desciende hacia su superficie a casi 120 km/h de velocidad. Emerge del chapoteo con un gran múgil en sus garras y vuela satisfecho hacia su hogar.

La bahía de Santander

La mejor manera de conocer de primera mano la ría de Cubas, la bahía de Santander y sus águilas pescadoras es recorrerla con quien mejor las conoce: Carlos Sainz. Su empresa, Bahía de Santander Ecoturismo, premiada por su trayectoria turística pero también conservacionista, ofrece entre otras actividades recorridos en barco tanto por el interior del humedal como por las aguas abiertas más allá de la península de La Magdalena. Por ejemplo, alrededor de la isla de Mouro, donde crían gaviotas patiamarillas, cormoranes moñudos o paíños europeos, entre otras especies. O frente a los acantilados más allá de la playa del Sardinero, que están entre las formaciones que han merecido que esta costa haya sido reconocida por la Unesco como «Geoparque Costa Quebrada».

Toda la bahía de Santander es un gran espacio para observar aves. Destacan como destinos ideales a tal fin las Marismas Blancas y Negras de El Astillero, recuperadas gracias a la colaboración de este ayuntamiento con SEO/BirdLife. También las Marismas de Alday, recuperadas por la Fundación Naturaleza y Hombre, en Camargo. Y las de Parayas y la dársena de Raos, así como el litoral de Pedreña. Dentro de la ciudad, el parque de Las Llamas es otro lugar muy interesante.

Isla de Mouro, bahía de Santander

OCÉANO ATLÁNTICO

Mar Mediterráneo

Rutas principales de las águilas pescadoras que vienen a España en primavera o atraviesan nuestra geografía durante sus viajes

- 🔴 Zona de cría
- 🔵 Zona de invernada
- ⇄ Rutas migratorias

Los viajes de las águilas pescadoras

Por el momento, y de forma reciente, en el norte de España solo han nacido y volado pollos de águila pescadora en la bahía de Santander. Además, ha intentado criar en Urdaibai. Sus otras áreas de cría peninsulares de cría exitosa se reparten por unos pocos humedales de Andalucía, así como en las islas Baleares y Canarias. El *Libro Rojo de las Aves de España* cataloga a esta especie como «en peligro» en nuestro país por las escasas parejas que integran aquí su población.

Por otro lado, cada primavera y otoño sobrevuelan nuestra geografía varios miles de águilas pescadoras reproductoras en Reino Unido, Francia, Alemania o Escandinavia. De hecho, la península ibérica es una escala crucial en los viajes de esta especie entre Europa y el África occidental. Algunas de ellas, en esos periplos, recorren además largas travesías sobre el mar que inevitablemente incluyen vuelos nocturnos. Sus destinos invernales están sobre todo en Senegal, Gambia y Guinea-Bissau.

También invernan águilas pescadoras en la península ibérica. Según varios estudios, podría ser que cada vez más. El censo más reciente, correspondiente al invierno 2023-2024, estimó que, entre España y Portugal, lo hacen alrededor de 462-490 águilas pescadoras, concentradas principalmente en el cuadrante suroccidental de la Península.

Tanto en sus migraciones como en sus destinos, estas águilas afrontan, entre otras, amenazas como la captura accidental en las redes de las piscifactorías, el impacto con líneas eléctricas y aerogeneradores o las molestias junto a sus nidos a causa de actividades de ocio, como los paseos en embarcaciones recreativas a motor.

ÁGUILA PESCADORA
Voz de aguja

Un águila adulta lanza rápidas series de chillidos con una tasa de repetición variable. Son señales de inquietud registradas en un largo periodo de tiempo y reunidas aquí en poco menos de un minuto. Está posada cerca del nido, en un poste expuesto a los cuatro puntos cardinales, pero no parece que alrededor merodee ningún peligro. A veces alterna las series rápidas con otros gritos espaciados, más modulados, algunos muy agudos. No son voces propias de una rapaz de su tamaño. En realidad, recuerdan más a las llamadas agudas, como desflecadas por la distancia, de las aves limícolas diseminadas por la ría. No debería sorprender, ya que estos chillidos penetrantes, lanzados con mucha potencia, parecen diseñados para ser oídos por encima de las frecuencias graves, siempre presentes, del bramido del mar.

GARZA IMPERIAL

Abril

DELTA DEL LLOBREGAT, CATALUÑA

DOS VETERANAS

Tras un par de amplios giros aéreos, no muy diferentes al aterrizaje de alguien montado en un parapente, la garza imperial desciende con las patas estiradas hacia la densidad del carrizal.

Una brisa suave refresca estos Espacios Naturales del Delta de Llobregat. Se escucha la voz como tímida de un pájaro moscón europeo. Estalla el vocerío de un carricero tordal. Cantan otras muchas aves. Un avión de gran tamaño se aproxima al aeropuerto del Prat, inmediato a este humedal. Un par de urracas protestan. La garza se deja acunar por toda esa sinfonía mientras se acomoda para echar una cabezada. Está en mitad de uno de sus largos viajes... ¿Cuántos ya? Es toda una veterana.

Otra recién llegada

Desde el interior de uno de los observatorios que dan al carrizal, una observadora de aves, no menos veterana que la garza, repasa en el visor de su cámara las imágenes que acaba de tomar. Llegó la noche anterior a ese mismo aeropuerto, desde Ámsterdam, para pasar unos días pajareando por diversas zonas de Cataluña. Tras haberse pasado más de media vida trabajando en el Rijksmuseum de la capital holandesa, dedica ahora todo el tiempo que puede de su retiro a viajar fotografiando aves. Las garzas imperiales crían muy cerca de su casa, allá en Países Bajos. También en este mismo humedal. Y en fin, en otros de España y Europa. Así que se pregunta si esta que acaba de ver pertenecerá a una po-

blación u otra. Porque corre el mes de abril, y en esta fecha este lugar, lo mismo que tantos otros de toda Cataluña y del Mediterráneo, funcionan de forma no muy diferente a un gran aeropuerto en el que entran a repostar y del que salen sin cesar vuelos y más vuelos.

Recorre con la mirada la marisma de Les Filipines. No le importaría pintarla. Es otra de las aficiones que ha recuperado. Pero no ha traído sus pinceles. Cae entonces en la cuenta de la cantidad de paisajes diferentes que quizá haya atravesado esa garza imperial en su vuelo hasta aquí, y los que le quedarán por sobrevolar o visitar en su ruta hasta, pongamos, las lagunas de Nieuwkoop, a medio camino entre Ámsterdam y Rotterdam, donde se ubica una de las mayores colonias de esta especie en su país. La primavera pasada colaboró como voluntaria en el censo de nidos en esa reserva natural. En las charlas previas que recibió a tal fin aprendió mucho sobre las imperiales y sus viajes.

Paisajes retratados

Extiende así las alas de su imaginación y parte hacia donde sabe que está el límite sur de distribución en invierno de la población holandesa de esta especie: la extensa costa entre Liberia y Senegal. Evoca, a continuación, la obra de colores terrosos de Iba N'Diaye, pintor oriundo de ese segundo país, de la que supo por una exposición precisamente en Ámsterdam, allá por los años ochenta del siglo pasado. Fue poco después cuando ella dejó de pintar para dedicarse a la burocracia del museo... También los cuadros de Joaquín Sorolla, con los que aquella joven aprendió a soñar con venir a esta orilla occidental del Mediterráneo. Por eso, cuando por fin pudo hacerlo por vez primera, eligió Valencia. ¿Se habrá detenido esa garza imperial en su albufera antes de volar hasta aquí?, se pregunta. Sin duda antes, eso sí, habrá volado sobre el Sahara, que de forma tan estremecedora retrató Gustave Achille Guillaumet. Y sobre Marruecos, para cuyos paisajes acude a Mariano Fortuny, quien creció como autor aquí en Barcelona. Lo mismo que Pi-

casso, tras llegar a esta ciudad con su familia desde A Coruña. Años después el joven Pablo partió hacia París, para contribuir desde allí a cambiar nuestra mirada... ¿Volará la garza sobre París antes de...?

Como para sacarla de sus ensueños pictóricos, la imperial reaparece sobre el carrizal igual que un ángel afilado, ocre y gris, y vuela hasta una orilla muy próxima para disponerse a pescar. La fotógrafa holandesa levanta su cámara.

Justo entonces entran en el observatorio un grupo de escolares que sin querer arman más ruido que una asamblea de carriceros tordales. La garza ni se inmuta, pero la veterana pajarera se va a explorar otros rincones de este espacio natural.

Esa misma noche la imperial retoma su viaje. Sí, volará hasta Países Bajos. En pocos días, tras cruzar Francia, alcanzará como tantas otras primaveras, más de veinte ya, esos llanos y verdes territorios atravesados por canales que inspiraron las obras de Jacob Ruysdael, Vincent van Gogh o Adriaen van de Velde.

El delta del Llobregat

Los Espais Naturals del Delta del Llobregat son el lugar más a mano de Barcelona donde observar aves acuáticas, y muchas otras. Crían aquí entre otras, además de garza imperial, especies como avetorillo, canastera común, gaviota de Audouin o calamón. En las migraciones y en invierno utilizan este lugar muchas más, que hasta 2024 sumaban un total de 359 especies entre comunes, raras y muy raras en estas latitudes, lo que supone más del 78% de las especies registradas hasta entonces en toda Cataluña.

Extendida a ambos lados del aeropuerto Josep Tarradellas Barcelona-El Prat, y estos últimos años amenazada por la potencial ampliación de esa enorme infraestructura, esta reserva puede conocerse a través de varias rutas con observatorios. Son de especial interés las que recorren los paisajes de la margen derecha del río Llobregat hasta su desembocadura, incluidos los estanques litorales de Cal Tet y Ca l'Arana, así como, próximos al centro de recepción de visitantes, el estanque del Remolar y la marisma de Filipinas, o las balsas de Can Dimoni.

Delta del Llobregat

Rutas principales de las garzas imperiales que vienen a España en primavera o atraviesan nuestra geografía durante sus viajes

Océano Atlántico

Mar Mediterráneo

- Zona de cría
- Zona de invernada
- Rutas migratorias

Los viajes de las garzas imperiales

Muchas de las garzas imperiales de Europa occidental vuelan sobre la península ibérica dos veces al año. Aunque no se conocen del todo bien los movimientos de esta especie, la ruta principal que siguen en primavera las que acuden hacia los Países Bajos bien podría ser la que, tras pasar por el centro de nuestro país, recorre luego la costa atlántica francesa. Así parece indicarlo el intenso paso sobre el estuario de Gironda, al norte de Burdeos, tras con probabilidad haber sobrevolado Las Landas y el País Vasco. Con todo, algunas de esas aves del norte y centro de Europa deciden volar hacia el norte sobre la costa mediterránea española, e incluso por una ruta mucho más oriental, que las lleva sobre las Baleares, Córcega y Cerdeña o Italia. Otras más trasiegan por las costas de Galicia...

A finales de verano, de vuelta hacia el sur, sucede algo muy parecido. Al menos, eso es lo que indican un puñado de ejemplares que, equipados con emisores satelitales en Países Bajos, volaron de allí hasta el sur del Sahara, una distancia de cerca de 4.000 km, en menos de una semana: en torno a 700 km por día, incluyendo largos vuelos nocturnos.

Sus áreas de invernada se extienden por el interior de Mali y sobre todo la costa oeste del golfo de Guinea, donde se encuentran con una población de su especie sedentaria en esa zona. También acuden hasta esas regiones las que crían en España, unos pocos miles de parejas concentradas en la desembocadura del Guadalquivir, las cuencas del Guadiana y el Ebro y humedales como el delta del Ebro y la albufera de Valencia. El *Libro Rojo de las Aves de España* cataloga esta especie como «casi amenazada».

GARZA IMPERIAL
Con gritos destemplados

Un nombre heráldico, rimbombante, para un ave con una voz de lo más vulgar. Las garzas imperiales llevan el porte y la púrpura de su rango, pero basta con que abran el pico para que toda la dignidad imperial desaparezca. Como todas las ardeidas diurnas, lanzan unos broncos graznidos guturales, amplificados y transformados por sus largos cuellos, que actúan como el cuerpo de una bocina. Además, estas aves son gregarias: agrupan sus nidos en rodales muy pequeños de carrizal, visibles en la distancia por el enjambre de aves de vistosos plumajes que los sobrevuelan. En la secuencia sonora, en una agrupación de cría instalada en unas encañizadas rodeadas de bosquetes de tarayes, las imperiales adultas mezclan sus graznidos con el matraqueo en los nidos de los pollos, que piden alimento; con las voces rotas de las garcillas bueyeras que se arremolinan alrededor; con el gorgoteo de algunas parejas de garcillas cangrejeras. Y con el gruñido rítmico, a compás, de un avetorillo que, lejos del cañaveral, marca el paso de las horas.

TÓRTOLA EUROPEA

Abril

PARQUE NACIONAL DE CABAÑEROS,
CASTILLA-LA MANCHA

UN ALBA GRIS

Su refugio es un frondoso escondite entre sauces y fresnos a orillas del Estena, río cuyos fondos son en este instante objeto de la curiosidad de una nutria que bucea alterando la sedosa monotonía de la corriente.

No ha amanecido todavía en este rincón del Parque Nacional de Cabañeros, donde ha dejado de llover hace poco. El alba gris remolonea más allá de los encinares. Pero ya suenan los despertadores: un sinfín de pequeñas aves. ¡Es hora de despertar!... Aunque no para todo el mundo.

Una tórtola europea acaba de descender del cielo y de posarse en este rincón oculto en el bosque de ribera. Bien sujeta a una rama de sauce, se entrega poco a poco al reposo. Ha volado durante casi toda la noche.

Somnolienta, observa con un interés vago cómo un rebaño de ciervos se acerca hasta el río. Se parecen un poco a las pálidas vacas de largos cuernos que viven allá donde ha pasado los últimos meses: las dos orillas del río Níger aguas abajo de Bamako, la capital de Mali.

Sobre un Sahara nocturno

Aquel paisaje de acacias espinosas, extensiones de cultivos y pequeñas aldeas junto al ancho río africano le parece ahora muy lejano. Y eso que partió de allí hace solo dos semanas.

Pasó primero sobre territorios nocturnos cada vez más áridos, y después sobre las luces de Ualata, esa ciudad mauritana Patrimonio de la Humanidad por su arquitectura de adobe y por ser hogar de escuelas coránicas. A partir de ahí siguió hacia el norte entre dos infinitos: el de las dunas del Sahara y el del firmamento estrellado.

La travesía, aunque larga, se mantuvo sin contratiempos. No como en algún abril anterior, cuando una tormenta de arena la obligó a deshacer lo volado. Tuvo suerte: en aquella ocasión perecieron muchas como ella, incapaces de escapar del feroz «viento rojo», como lo denominó Heródoto.

Llegó así, tras cerca de 700 km de viaje, hasta las montañas del Atlas marroquí. En uno de sus valles descansó durante varios días. Lo necesario para recuperar fuerzas y ponerse de nuevo en marcha.

Sobre el golfo de Cádiz y el sur peninsular

Aquella noche fue derivando hacia el Atlántico. Con el litoral entre Casablanca y Tánger como referencia a su diestra antes de cruzar sobre el golfo de Cádiz, entró en España sobre las dunas del Parque Nacional de Doñana. Le pareció un lugar idóneo para una parada. Pocas noches después reanudó su camino.

Esta vez el recorrido no fue tan largo. Al poco de partir, comenzó a llover a sus espaldas. Aunque las tórtolas vuelan a unos 60 km/h, la creciente brisa húmeda que precedía a la borrasca que la perseguía le aconsejó buscar refugio cuando ya pasaba sobre el resplandor urbano de Ciudad Real.

En rescate de las tórtolas

La casualidad quiso que justo entonces volase sobre la sede del Instituto de Investigación en Recursos Cinegéticos (IREC), desde donde se desarrolla desde hace años, en coordinación con otros centros de investigación europeos, un proyecto de rescate de su especie en el marco del «Plan de Acción Internacional para la Conservación de la Tórtola Europea 2018-2028». La situación de esta pequeña paloma se había vuelto insostenible: su población en Europa había caído hasta un 40% entre 1998 y 2021, año en que se alcanzó el mínimo histórico. Gracias a la moratoria temporal de su caza durante tres años en Francia, España y Portugal, promovida por la Unión Europea (solo entre estos países se abatía cada año cerca de un millón de ejemplares), se ha logrado revertir esa terrible tendencia: entre 2021 y 2024 el aumento ha sido de 615.000 nuevas parejas de tórtolas en la mitad occidental de Europa. En la mitad oriental, donde se han seguido cazando, ha continuado mientras tanto su declive. Se ha identificado así, con nitidez, uno de los principales problemas de esta especie.

Los ciervos se retiran. La tórtola cierra por fin los ojos. Después buscará alimento: semillas y pequeños frutos. Al caer la noche partirá de nuevo. Su destino es la pequeña y verde isla de Oléron, al norte del estuario de Gironda, en la costa atlántica francesa. Allí un equipo de investigadores viene estudiando a las suyas desde hace década y media. Gracias a su trabajo con emisores vinculados a los satélites artificiales del sistema Argos, sabemos mucho más acerca de los viajes de esta especie. Por ejemplo, que algunas de las que crían en esa isla acuden en invierno, precisamente, a los paisajes entre Senegal y Mali, a 4.000 km de distancia.

⌖ Parque Nacional de Cabañeros

El Parque Nacional de Cabañeros, en pleno corazón de Castilla-La Mancha, es famoso por sus dehesas de encinas, sus sierras y su raña, una gran llanura de cerca de 8.000 hectáreas de extensión. A solo dos horas desde Madrid o Toledo en coche, son varias sus puertas de acceso. Entre ellas destacan la de Horcajo de los Montes y la de Navas de Estena, ambas dotadas con paneles interpretativos que proporcionan información sobre su biodiversidad y su historia, así como sobre itinerarios y actividades, como rutas guiadas o a bordo de vehículos 4 x 4 para explorar áreas del parque que de otro modo no está permitido visitar.

Entre las muchas aves que podrás observar aquí, a menudo a la vez que contemplas nutridos grupos de ciervos, destacan las grandes planeadoras, como el águila imperial ibérica, el buitre negro o la cigüeña negra, así como muchas de las propias del monte mediterráneo. Se han citado en este lugar más de 200 especies. Un buen recorrido es el que une Retuerta del Bullaque con Horcajo o la ruta del Boquerón del Estena .

Las mejores épocas para recorrer este tesoro de la naturaleza ibérica son la primavera y el otoño, cuando el clima es más suave.

Parque Nacional de Cabañeros

Rutas principales de las
poblaciones de tórtola europea
que vienen a España en
primavera o atraviesan nuestra
geografía durante sus viajes

- Zona de cría
- Zona de invernada
- Rutas migratorias

OCÉANO · ATLÁNTICO

Mar
Mediterráneo

Los viajes de las tórtolas europeas

Con una población estimada en toda Europa de entre seis y doce millones de ejemplares y una esperanza de vida de no más de cuatro o cinco años, la tórtola europea merece toda nuestra atención por el grave declive que han sufrido sus efectivos en solo cuatro décadas. Por fortuna, hoy sabemos que una de las causas principales ha sido el exceso de caza. Según BirdLife International, la otra es la pérdida extrema de hábitat a causa de prácticas agrícolas intensivas combinadas con el uso de pesticidas y herbicidas en la agricultura, lo que reduce la abundancia de semillas, su principal fuente de alimento, además de suponer un riesgo de envenenamiento directo. El «Plan de Acción Internacional para la Conservación de la Tórtola Europea 2018-2028», apoyado por la Comisión Europea a través del programa LIFE, centra su trabajo en ambas, así como en diferentes acciones de comunicación y educación ambiental y en el seguimiento de las poblaciones y migraciones de esta especie.

Gracias a ese y otros proyectos anteriores, sabemos que las tórtolas del continente siguen en sus viajes de primavera y otoño dos rutas diferentes. Una de ellas une el sur de Escandinavia con el centro de Europa, Italia o Grecia, y las aguas abiertas del Mediterráneo centro-oriental. La otra, más occidental, abarca desde la costa atlántica de Alemania hasta España. Tras partir de nuestro continente de vuelta al sur en septiembre, las aves de ambas rutas migratorias tienen su destino de invierno en el Sahel, esa ancha franja de transición que se extiende entre el desierto del Sahara al norte y las sabanas y bosques tropicales más al sur y que abarca desde el Atlántico hasta el mar Rojo.

TÓRTOLA EUROPEA
El silencio como denuncia

Rula, tórtora, turtle, tourterelle, tortora, turteltaube, turturduva... Streptopelia turtur. La llamemos en castellano, gallego, catalán, inglés, francés, italiano, alemán, sueco o latín, su nombre es una onomatopeya del arrullo —«tuuur-tuuuur»— que, durante horas y horas sin interrupción, se propaga como un bajo continuo por campos, setos y boscajes. El arrullo de la tórtola, asociado a los días lentos y calurosos del verano, armoniza a menudo con otra de las onomatopeyas de nuestros campos, la triple nota, el código morse de la abubilla —*puput, bubela, poupa, hoopoe, huppe... Upupa epops*—. Unas y otras repiten su salmodia durante horas, desde el amanecer hasta la caída de la tarde, y parece que así transmiten el mensaje de que todo va bien. Pero el mensaje es falso. Los arrullos de las tórtolas son cada vez más escasos; la llamada de la que fuera antaño un ave muy abundante enmudece. Y su silencio es el relato más certero de la crisis que asola los campos.

OROPÉNDOLA EUROPEA

Mayo

SUR DE MÁLAGA, ANDALUCÍA

ANHELO DORADO

El goteo de abejeros europeos hacia el norte es constante. Van altos, deslizándose en el viento suave con sus alas extendidas al máximo. Cuando llegan sobre las laderas, algunos trazan espirales para elevarse aún más. Es como si necesitasen comprobar si desde allá arriba se ve ya su destino. Ni mucho menos. A la mayoría todavía les queda mucho vuelo por delante. Los destinos de los más de 60.000, algunos años cerca de 100.000, que se suelen contar sobre el estrecho de Gibraltar cada primavera, concentrados sobre todo en la primera mitad de mayo, incluyen Finlandia, hasta donde llegan algunos ejemplares. La mayoría vienen de Liberia, Ghana, Nigeria... Y de otras zonas en torno al Sahel. Los días de sus saltos masivos de África a Europa se cuentan entre los grandes momentos de la naturaleza de ambos continentes.

Por eso quien hoy los contempla con sus prismáticos, mientras saborea un café en una terraza del pintoresco pueblo malagueño de Casares, lamenta no haber ido esta mañana de mayo a Punta Carnero, entre Tarifa y la Línea de la Concepción. Y eso que Casares es bien bonito. Quizá, piensa, quienes hayan optado por ese destino, o por el peñón de Gibraltar, estén disfrutando de una jornada inolvidable. O quizá no... Lo peor es no saberlo, se dice.

De ruta pajarera

Apura rápido el café, paga, se echa la mochila a los hombros y se va caminando por entre las estrechas calles de casas blancas como sábanas. Tiene por delante una ruta de unas siete horas hasta Estepona. Su plan es caminar de un primer tirón hasta el mirador de Peñas Blancas para intentar ver desde allí algún ave rapaz más y bajar luego hasta el río Vaquero para localizar aves forestales de ribera, entre ellas alguna oropéndola. Este año todavía no ha observado esta especie, y según la información que ha consultado en la web Birdingmalaga.es, hay posibilidades de encontrarla allí.

Justo esa madrugada ha llegado una a donde el pajarero se acerca una hora después. Escondida entre la vegetación densa del soto de ribera, con el río discurriendo bajo ella, permanece en silencio mientras lo observa venir caminando. Ha comido bien: unas orugas aquí, unos escarabajos allá... Falta le hacía. La etapa de su viaje que la ha traído hasta aquí ha sido muy larga, y ha llegado con las energías justas.

El pajarero levanta sus prismáticos una y otra vez. Ella no se mueve. Se sabe bien escondida. Es una hembra: su plumaje es ideal para confundirla con el puzle de verdes que la rodea. Si supiera interpretar el lenguaje no verbal de quien la busca, comprendería que el hombre comienza a estar desesperado. Mira bastante su reloj. Cuando por fin, tras hundir la barbilla en su pecho, sigue su camino rumbo a Estepona, la oropéndola reanuda su actividad.

Desde Zambia

Partió hace pocas semanas de un lugar muy diferente a este: un extenso bosque semiárido, denominado «miombo», en el corazón de Zambia, que es lo mismo que decir en el corazón de África. Volando casi siempre de noche, y en varias etapas, dejó tras de sí ese lugar, hogar de elefantes, antílopes o licaones, atravesó después las inmensidades de la República Democrática del Congo, sobrevoló el cauce de este río y cruzó una tras otra las fronteras de la República Centroafricana, Chad, Nigeria... Luego, desde los territorios cada vez más áridos del Sahel, ya en Nigeria, acometió por fin el cruce del Sahara.

Siempre se dice que las aves migratorias no tienen fronteras. Lo cierto es que son muy conscientes de dónde y cómo terminan y comienzan los diferentes paisajes naturales que cruzan en sus viajes. Cuando por fin llegó, bajo la luna, al norte de Marruecos y tuvo ante sí y luego bajo sí el estrecho de Gibraltar, fue absolutamente consciente de que cerraba y abría a la vez un nuevo capítulo de su aventura. Al poco de alcanzar el sur de Europa, decidió descansar en la arboleda que rodea el arroyo Vaquero.

Cuando el pajarero llega a Estepona, se detiene en otra terraza más y pide un vino de esta tierra. Su color dorado le recuerda de inmediato el plumaje del macho de esa especie que le ha faltado por detectar. La oropéndola es de las pocas que ha fallado en su excursión, de modo que no ha estado mal. De hecho, ha estado muy bien.

Así que, antes de echar un trago, brinda por esa afición que tan buenas jornadas le depara.

Entre Casares y Estepona

Entre las múltiples oportunidades para el pajareo que ofrece la provincia de Málaga destacan lugares tan emblemáticos de la costa como la desembocadura del río Guadalhorce o el faro de Calaburras. Pero también en el interior se pueden encontrar numerosas oportunidades. Esta ruta, por ejemplo, aprovecha una de las etapas de la denominada «Gran Senda de Málaga» (GR 249) para descender desde el pueblo de Casares hasta el litoral de Málaga, facilitando así la posibilidad de apuntar una variedad de especies muy nutrida.

El recorrido, de 24 km a pie sobre terreno cómodo, lo cual implica unas siete horas de caminata, comienza en el mismo Casares. Desde sus miradores, como el del Castillo, es posible detectar numerosas rapaces, así como roqueros solitarios o collalbas negras. Discurre luego por más miradores y junto al arroyo de los Molinos, el paraje de las Acedías y el arroyo Vaquero, una zona muy arbolada. Tras atravesar después las laderas de Sierra Bermeja, desciende a Estepona. Muy cerca, algo más al sur, merecerá la pena echar una ojeada a la desembocadura del río de Manilva o al mar desde la Torre de la Sal.

Casares

Rutas principales de las poblaciones de oropéndola europea que vienen a España en primavera o atraviesan nuestra geografía durante sus viajes

- 🔴 Zona de cría
- ⚫ Zona de invernada
- ➡️ Rutas principales de primavera
- ➡️ Rutas principales de otoño

OCÉANO ATLÁNTICO

Mar Mediterráneo

Los viajes de las oropéndolas europeas

Están entre las últimas especies que alcanzan en primavera sus zonas de cría en el norte de Europa. Se distribuyen por gran parte del continente, si bien son muy escasas en las islas británicas y en el centro y norte de Escandinavia. En España, que con Rusia alberga una alta proporción de su población europea, abundan en ambientes mediterráneos húmedos del centro y el oeste, y son más escasas en el litoral norte o en los entornos mediterráneos secos del sur y del este.

Al terminar la temporada de cría, desde finales de julio y hasta septiembre, las poblaciones de gran parte del continente se concentran en el este del Mediterráneo, donde muchas permanecen un tiempo antes de continuar su viaje hacia el sur. Cruzan entonces el este de África hasta llegar a las principales áreas de invernada entre Camerún y la República Centroafricana, e incluso mucho más al sur. Muchas tienden a regresar cada año al mismo lugar. Las que crían en Iberia, en cambio, si bien siguen una ruta más occidental, sobre el Sahara, tienden a invernar en las mismas zonas.

El viaje en primavera parece desarrollarse de forma algo diferente, con aves cruzando todo el ancho del Mediterráneo. Así es como ejemplares que acuden a criar incluso al norte de Alemania atravesarían en esta época nuestro país, y llegan a sus destinos más norteños entre finales de abril y comienzos de mayo.

En ambos viajes las oropéndolas afrontan numerosas amenazas. Una de ellas, compartida con muchas otras aves, es la que les acecha en algunos lugares del Mediterráneo oriental: trampas ilegales o cazadores que ignoran su condición de especie protegida, y que prefieren sus cuerpos inertes a su vuelo libre.

OROPÉNDOLA EUROPEA
Los colores y tonalidades del soto

Verde de verdecillos y verderones; rojo de los petirrojos; azul de los trepadores azules. Amarillo dorado de la oropéndola. Bajo la luz tamizada del soto, verde oscuro a través del filtro de las hojas planas de los álamos, el paisaje sonoro se llena de colores. Parlotean los verdecillos, con voz apresurada; rechinan los verderones, con un largo reclamo arrastrado. Chisporrotean, cuando no cantan, los petirrojos. Y los trepadores azules silban sus notas líquidas. Por debajo en la escala tonal, arrullan las palomas torcaces, con su voz ronca, como de madera. Y por arriba, en la banda de los agudos, trinan rítmicamente los agateadores comunes. El paisaje, el cromático y el sonoro, está perfectamente equilibrado. Entran entonces en escena las modulaciones líquidas, aflautadas, de dos oropéndolas, que invaden así todo el espacio acústico del soto.

PAÍÑO EUROPEO

Mayo

COSTA QUEBRADA, CANTABRIA

UN PEQUEÑO GRAN MARINERO

La inmensidad del Cantábrico está repleta de señales solo visibles para quien mejor sabe navegar. En este caso, un paíño europeo. Es tan pequeño que cabría en una mano humana, pero no existe mejor marinero que él. Los más veteranos de los suyos llegan a vivir casi cuatro décadas. Cuarenta años de asombrosas singladuras oceánicas.

Viene de un extremo muy distante del océano Atlántico: las frías aguas que se extienden frente al cabo de Buena Esperanza, en el extremo sur de África, donde vuelan albatros o petreles gigantes y nadan pingüinos y leones marinos. Los europeos solo llegamos allí hace poco más de medio milenio: en 1488, en una expedición al mando del portugués Bartolomé Díaz. Desde que el paíño zarpó de esa zona, ha navegado, siempre lejos de tierra, cerca de 5.400 millas marinas: unos 10.000 km.

Y todavía le queda camino.

Un ventarrón inoportuno

A lo largo de lo que lleva de viaje se ha servido para orientarse de su capacidad para olfatear las olas, para aprovecharse de las corrientes magnéticas de la corteza terrestre y para advertir la luz polarizada del sol. Ha atravesado así zonas de calurosa calma chicha, donde la superficie del mar parecía una infinita lámina de plástico. Y otras abundantes en alimento, barcos pesqueros y aves marinas, algunas también de viaje hacia el norte. Ha adelantado a grandes mercantes y a numerosas manadas de delfines, se ha encontrado con peces voladores y con tortugas marinas... A pesar de su pericia marinera, es un ejemplar todavía joven: los suyos no suelen criar antes de los cuatro o cinco años.

Hace pocos días, a la altura de Galicia, se encontró con un repentino temporal de viento y lluvia que por suerte duró poco. Vinieron después unas horas de sosiego meteorológico, pero a continuación comenzó a soplar de nuevo, solo que de otra dirección: exactamente desde donde está su todavía lejano destino, un islote en las islas Feroe, ese archipiélago a medio camino entre Escocia, Noruega e Islandia. Por eso ha decidido penetrar en el golfo de Vizcaya en busca de un refrigerio en forma de nutritivo plancton hasta que ese inoportuno viento amaine y él pueda retomar su rumbo.

Música en la noche

Hace tiempo que más allá de las nubes grises cayó una noche oscura, sin luna. Batiendo sus breves alas a pocos centímetros de unas olas cada vez más coronadas de espuma, avanza ahora milla tras milla en paralelo a una costa que brilla cada vez más próxima, a su derecha: son las luces de ciudades y pueblos.

Justo entonces, por entre la conversación que mantienen el agua y el viento, escucha la canción de su especie. Suena lejana, pero nítida. Los suyos emiten sus reclamos a entre 0,2 y 8 kHz, pero claro, esto él no lo sabe. Ni necesita saberlo. Le basta con reconocer la música de su gente con solo oírla. Intrigado, comienza a volar hacia el origen de ese sonido para él inconfundible.

Pronto tiene ante sí la silueta oscura de una pequeña isla cántabra, en pleno Geoparque Costa Quebrada. Se dirige hacia ese canto, como, según cuentan las leyendas, navegaban los marinos de la antigüedad hacia las voces de las sirenas.

De visita en visita, hacia las Feroe

Dos días después de visitar ese islote, con el viento por fin calmado, ya está alimentándose a unos 450 km al norte de Cantabria, de nuevo en pleno mar abierto. Esa misma noche continúa su vuelo. Deja así atrás primero Irlanda y después las Hébridas, ya en Escocia.

Joven como es, en las Orcadas y las Shetland no puede dejar de realizar nuevas visitas, atraído por las voces de los suyos: se acerca así, en plena noche, a islas e islotes donde can-tan y cantan decenas de machos. Luego, continúa hacia las Feroe.

Llega por fin una noche de comienzos de junio a la pequeña isla de Nólsoy, en ese mismo archipiélago. Aunque a estas alturas del año las horas sin luz son bien breves: el sol apenas permanece un rato bajo el horizonte. Es aquel un lugar habitado por cerca de 230 humanos y más de 50.000 parejas de paíños europeos como él. No hay música mejor que la que emana de sus acantilados y cuevas.

Un día después, ha elegido un rincón entre esas rocas volcánicas y se ha unido al coro.

La Costa Quebrada

Declarado Geoparque Mundial de la Unesco en abril de 2025, el litoral de Costa Quebrada abarca una amplia zona de costa cántabra entre los municipios de Santander y Santillana del Mar. Sus impresionantes formaciones geológicas incluyen acantilados, arcos, islotes, ensenadas, playas, tómbolos, dunas, flechas litorales, estuarios...

Entre las oportunidades para observar aves en este geoparque está por ejemplo la posibilidad de contratar los servicios de una empresa de turismo para navegar frente a esa costa, y tener así ocasión de avistar alcatraces, pardelas y otras especies marinas y, con mucha suerte, algún paíño europeo, si bien esta especie suele mantenerse lejos de la costa durante el día. Otra opción es destinar unas horas a contemplar los movimientos de estas desde los cabos Mayor y Menor.

Un destino muy interesante es la ría de San Martín de la Arena, o ría de Suances: sus intermareales son utilizados en los pasos migratorios y la invernada por diversas especies de aves acuáticas. También el Parque Natural de las Dunas de Liencres, que, con su gran sistema de dunas y su amplio pinar, brinda la oportunidad de combinar el registro de especies tanto forestales como litorales.

Costa Quebrada

OCÉANO / ATLÁNTICO

Mar Mediterráneo

Dispersión del paíño europeo tras la época de cría

● Zona de cría

Los viajes de los paíños europeos

En España crían dos subespecies de paíño europeo: la atlántica (*Hydrobates pelagicus pelagicus*), con áreas de cría en Galicia, Asturias, Cantabria, País Vasco y Canarias, y la mediterránea (*Hydrobates pelagicus melitensis*), con colonias en la Comunidad Valenciana, Murcia, Andalucía e islas Baleares.

Las aves de la primera de ellas muy probablemente acudan en invierno hacia los mares que rodean el sur de África, como hacen los ejemplares del resto de las muchas colonias de esa subespecie, que se extienden de Canarias a Noruega e Islandia. Suelen partir hacia allá en torno a octubre y noviembre, para regresar alrededor de mayo.

En cuanto a las aves de la subespecie mediterránea, buena parte de ellas, según apunta el marcaje con geolocalizadores de varios individuos, salen hacia el Atlántico en invierno, pero para quedarse en este hemisferio, distribuidas entre las islas Canarias e Islandia. Otras permanecen en el propio Mediterráneo.

Mientras crían a sus pollos en verano y otoño, una y otra subespecie, además, llegan a hacer largos viajes de alimentación, de hasta 1.000 km a lo largo de tres o cuatro días.

El *Libro Rojo de las Aves de España* cataloga al paíño europeo como especie «en peligro». Entre las principales amenazas que padecen o pueden llegar a padecer sus dos subespecies, señala la presencia en sus colonias de gatos asilvestrados o ratas, así como la sobreexplotación pesquera, la contaminación de los mares por vertidos y mareas negras o la energía eólica marina, entre otras.

PAÍÑO EUROPEO
Del mar a las cavernas

Lo normal es que los paíños críen en madrigueras de tierra, pero a veces eligen agujeros horadados en la roca de los acantilados. En el islote de Na Foradada, en Cabrera, las oquedades abundan, como es de suponer. Casi colgados sobre el vacío, asomados a una repisa que da vértigo, del interior de varios túneles emergen unos rápidos ronroneos, voces agudas, chirriantes, como producidas por un mecanismo necesitado de un engrase. Dos ejemplares reclaman a la vez, sus voces se entrelazan y por momentos parecen solo una. Es noche cerrada —una pardela cenicienta mediterránea pasa de largo—, y en un nido cercano otra voz, aún más ronca y «desengrasada», parece que emite una señal de alarma. Pero el silencio no dura y el ronroneo distorsionado vuelve a salir de la roca.

ALCAUDÓN DORSIRROJO

Mayo

COSTA DA MORTE, GALICIA

POR LOS CAMINOS DE LA FE

Ha completado el Camino de Santiago. Pero esta solo ha sido la última etapa de un largo peregrinaje que parece diseñado en forma de ruta por varios de los paisajes más emblemáticos de algunas de las religiones que han determinado el rumbo de la humanidad. Aunque claro, su estirpe lleva recorriendo esa ruta desde mucho antes de que esas religiones fuesen fundadas. Por otro lado, lo que una primavera más le ha traído hasta aquí no deja de ser algo parecido a una fe: la de que en este campo, próximo a donde el océano bate la Costa da Morte, le esperaba su hogar de verano.

El tañido de unas campanas, apagado por la distancia, suena como doce latidos. Doce latidos como doce meses. O como los doce apóstoles. El alcaudón dorsirrojo —parece que en respuesta— desciende hasta un pasto donde una vaca rumia su propio tiempo. Elige a continuación una ramita caída entre la hierba y se la lleva en el pico hasta el interior de una zarza erizada de espinas. Bajo una pequeña bóveda verde, la ensarta con delicadeza entre varias ramas verdes y flexibles.

Llegó hasta aquí pocos días antes que la hembra. Reconoció su territorio. Cuando apareció ella, cantó y voló celebrando la noticia. Luego bailaron juntos, con graciosos movimientos de sus cabezas.

Aquí llega ella, con otra ramita. La coloca cruzada sobre la anterior y se va con prisa en busca de más. Él se queda observando el resultado. Pasan entonces veloces por su memoria los lugares que ha sobrevolado las últimas semanas.

Desde el Zambeze hacia la península arábiga

Su viaje comenzó a finales de marzo en algún lugar próximo a la cuenca del río Zambeze, entre Mozambique y Malaui, una región del mundo donde conviven el animismo, el cristianismo y el islam.

Desde allí, volando en dirección noreste, llegó hasta los paisajes color arena entre Kenia y Somalia, donde se detuvo unos días a descansar. Cruzó luego el cuerno de África hasta alcanzar, en Yibuti, el estrecho de Bab el-Mandeb, que separa el mar Rojo del golfo de Adén. Desde ese brazo de mar, de 36 km de ancho, crucial para el comercio entre Europa, África y Asia y tan frecuentado antaño por piratas, saltó hasta Yemen. Luego continuó, sobre hogares tanto suníes como chiíes, hacia el norte. En una de sus breves paradas para alimentarse, escuchó la llamada a la oración de un muecín desde su minarete.

Se internó entonces, volando de noche, en la inmensidad de Arabia Saudí, primero a pocos kilómetros de La Meca, después con su ala derecha apuntando hacia Riad y la izquierda hacia Medina. Frente a él, las constelaciones del firmamento iban girando en torno a la estrella Polar, cada vez más alta sobre el horizonte conforme se iba acercando al norte del país. Justo entonces comenzó a soplar desde el este una brisa que terminó por convertirse en el polvoriento y caluroso *jamsim*, un viento tan habitual en aquellas regiones a esas alturas del año.

De Eilat al Egeo

Obligado a desviarse, alcanzó Eilat, en el extremo sur de Israel. Al norte de la ciudad, el Eilat Birding Center es uno de los destinos pajareros más célebres de esta región y del mundo: se calcula que por allí pasan cada primavera cerca de 500 millones de aves rumbo al norte. Según los datos de su estación de anillamiento, los alcaudones dorsirrojos lo hacen sobre todo a comienzos de mayo, los machos siempre antes que las hembras.

Se detuvo lo imprescindible. Enseguida continuó hacia el norte, pasando primero justo entre Gaza y Jerusalén y después muy cerca de Nazaret y de la orilla oeste del mar de Galilea, en cuyo extremo norte Jesús pronunció su sermón de la montaña: «Bienaventurados los pacificadores, porque serán llamados hijos de Dios».

Tras atravesar luego Líbano y Siria, llegó al sur de Turquía, donde tras otro breve descanso cambió su dirección hacia el oeste, rumbo al mar Egeo.

Del Egeo a Iberia

El resto del camino fue un vuelo en dirección oeste. Saltando sobre las islas de Lesbos y Lemnos, entró en Grecia a los pies del monte Athos y sus veinte monasterios ortodoxos. Vinieron luego el puzle religioso de los Balcanes, el norte de Italia, el sur de Francia... hasta los Pirineos de los cátaros. Por uno de sus collados alcanzó Iberia para luego, casi recorriendo el Camino de Santiago, alcanzar este campo en plena Costa da Morte.

Vuelve la hembra con otra ramita más. La coloca con cuidado junto a las otras dos. A continuación ambos vuelan a por otras. Su pequeño templo estará listo en pocos días.

Costa da Morte

La costa coruñesa que se extiende entre las islas Sisargas y el cabo Fisterra alberga numerosos destinos de enorme interés para observar aves migratorias.

En primavera, los cabos Touriñán y Vilán son excelentes para observar el paso hacia el norte de diferentes aves marinas. También en verano y hasta entrado el invierno, cuando el movimiento es hacia el sur y el espectáculo de alcatraces, pardelas o charranes puede disfrutarse además desde los cabos Roncudo o San Adrián. Llegar hasta cualquiera de esos promontorios supone, además, recorrer uno de los litorales más salvajes de este país.

Todo ello puede combinarse con la visita a infinidad de playas, y a varios humedales en los que recalan durante sus viajes o invernan multitud de especies de aves acuáticas, entre ellas limícolas como correlimos, chorlitos, agujas o chorlitejos, o que van y vienen entre el norte del círculo polar ártico y el sur del trópico de Cáncer. Destacan entre esos lugares el estuario del río Anllóns, entre Ponteceso y Laxe, la laguna de Traba o la ría de Camariñas.

El interior de esta comarca, aunque muy ocupado por grandes masas de eucaliptos, todavía preserva algunas zonas de campiña tradicional.

Cabo Vilán

Rutas principales de las poblaciones de alcaudón dorsirrojo que llegan hasta España en primavera

- Zona de cría
- Zona de invernada
- Rutas principales de primavera
- Rutas principales de otoño

OCÉANO ATLÁNTICO

OCÉANO

ATLÁNTICO

Mar Mediterráneo

Los viajes de los alcaudones dorsirrojos

Esta especie se reproduce en gran parte de Europa y en la mitad occidental de Asia, pero solo ocupa el tercio más septentrional de la península ibérica. Su hábitat preferido son esas campiñas tradicionales del norte en las que abundan los pastos con setos espinosos.

Una vez terminada la temporada de cría, parte hacia sus zonas de invernada ya desde agosto. Su migración recorre primero el norte del Mediterráneo hasta la altura de Grecia, para desde allí cruzar el mar hacia las costas de Egipto y atravesar después el desierto del Sahara. Su primer destino es la región del Sahel en torno a Sudán. Tras un tiempo allí, continúa rumbo al África oriental: Zambia, Malaui, Zimbabue, Mozambique... Su migración de primavera discurre más al este. Se desplaza entonces primero hacia la península arábiga y después hacia el este de Turquía. Es entonces cuando los ejemplares que crían en Iberia siguen hacia el oeste. Este tipo de migración, en la que una de las rutas difiere de la otra, se denomina «en lazo».

Según el programa «Sacre» de SEO/BirdLife, la población de alcaudón dorsirrojo de nuestro país se desplomó a la mitad entre los años 1998 y 2018. Las causas que se apuntan en el *Libro Rojo de las Aves de España*, donde se lo cataloga como «vulnerable», incluyen la pérdida de alimento como consecuencia de la disminución de las poblaciones de invertebrados terrestres, la transformación de su hábitat (pérdida de terrenos en barbecho y de setos) debido a la intensificación agrícola, el cambio climático y el hecho de que este sea uno de los límites de su población global: el recorrido desde sus zonas de invernada hasta las zonas de cría más occidentales en Galicia es de más de 10.000 km.

ALCAUDÓN DORSIRROJO
Un bosque en la garganta

Lejos, sobre el mar, se anuncia la tormenta. En unos prados costeros, erizados de tojos, canta un chochín y matraquean los miembros de una familia de tarabillas comunes. A la escena se incorpora un alcaudón dorsirrojo, de voz áspera, distorsionada, aguda como las agujas de los tojos. Todos los miembros de la familia de los alcaudones son grandes imitadores, incorporan a su canto fragmentos de todo aquello que escuchan a su alrededor. Y en este lugar, muy cerca hay un pinar. Así que, con un poco de imaginación, en la voz del dorsirrojo se pueden identificar esbozos, más o menos adaptados a sus capacidades vocales, del traqueteo de la propia tarabilla, pero también el cloqueo de alarma de los mirlos, los reclamos y cantos de los agateadores comunes, el carraspeo regañante de algún párido, los titubeos previos al canto del pinzón vulgar y, transformadas hasta el límite de lo irreconocible, las notas altisonantes de un zorzal común. Los ecos del bosque en la garganta de un pájaro asomado al mar.

HALCÓN DE ELEONORA

Junio

ISLOTE DE SA DRAGONERA, MALLORCA, ISLAS BALEARES

EL HALCÓN DE LOS MARES

La única noticia que existe de Libertalia proviene del libro *Historia general de los robos y asesinatos de los más famosos piratas*, escrito por el capitán Charles Johnson y publicado en Londres en 1728. En sus páginas, junto a muchos otros, encontramos el relato de la fundación, auge y desaparición de aquella colonia pirata, establecida a finales del siglo XVII en la costa norte de Madagascar. Fundada por el provenzal James Misson, las leyes de Libertalia eran adoptadas a través de la democracia directa, y rechazaban las monarquías, la esclavitud, la religión institucional o los abusos de los poderosos, a la vez que amparaban una economía basada en el principio de que todo debía ser común.

De allí mismo, de la isla de Madagascar, acaba de llegar a este islote de Sa Dragonera un halcón de Eleonora. Aquí lo llaman también *falcó marí*, 'halcón del mar'. Ya quisieran muchos piratas haber tenido un alias así. Y una base de operaciones en una isla llamada nada menos que Dragonera. Este ejemplar es de los oscuros: según cómo le dé la luz, casi de color brea.

Con las alas extendidas, batiéndolas cada poco al viento salitroso que asciende por los acantilados calcáreos, va y viene inspeccionando lo que será su hogar dentro de un par de semanas. Todo parece en su sitio. Sobre las olas pasan un par de gaviotas de Audouin. A media pared vuelan un puñado de aviones roqueros. A más de 300 m de altura de las rompientes, en torno a las ruinas del *far Vell*, el 'faro viejo', resuena la voz de un roquero solitario.

Con una virada en redondo, el Eleonora traza entonces en el cielo algo parecido a una firma y vuela luego directo hacia el continente, rumbo a la costa levantina.

Una larga singladura

Dejó Madagascar hace mes y medio, a mediados de abril. Comenzó de esa manera su singladura sobre el extremo occidental del océano Índico, atravesando primero los 1.000 km de ancho del canal de Mozambique, volando sobre la isla de Mayotte y el archipiélago de las Comores hacia la costa de Tanzania.

Quedaron luego bajo sus alas los territorios de Etiopía, la convulsa frontera entre Sudán y Sudán del Sur, los paisajes semiáridos de Chad y Níger y a continuación, de nuevo, otro océano, solo que de arena: el Sahara argelino. La última etapa lo llevó desde las inmediaciones de Argel hasta este islote de Sa Dragonera que ahora abandona. Regresará en solo un par de semanas.

Eleonora d'Arborea

El nombre de «halcón de Eleonora» se lo puso a esta especie quien primero la describió para la ciencia, el zoólogo italiano del siglo XIX Giuseppe Gené. Lo hizo a instancias del conde Alberto Ferrero Della Marmora, un militar y naturalista asimismo italiano cuya peripecia vital bien merecería una novela, y que fue quien le consiguió un par de ejemplares en un islote de Cerdeña. Como cuenta el ornitólogo Joan Mayol en su estupenda monografía sobre este halcón, es probable que la decisión de dedicárselo a Eleonora d'Arborea fuese tomada de acuerdo entre ambos. Y es que en la *Carta de Logu*, el reglamento jurídico que a finales del siglo XIV redactó Eleonora d'Arborea para la judicatura (algo parecido a un pequeño rei-

no) de Arborea, en Cerdeña, y que se considera todo un código civil *avant la lettre*, destina un artículo a la protección de las aves rapaces contra la caza furtiva. Probablemente, eso sí, con objeto de reservar el uso de estas aves a la nobleza.

¡Al abordaje!

Este halcón de Eleonora pasará el próximo medio mes en la serranía conquense , en un ambiente totalmente distinto: pinares y áreas abiertas donde en estas fechas abundan los nutritivos escarabajos sanjuaneros. Luego regresará a este su islote. Aquí comenzará su temporada de cría

a partir de julio, para que el momento de alimentar a sus pollos coincida con las primeras llegadas, desde el norte, de pequeños pájaros migradores en busca de puerto de recalada durante sus rutas hacia África. Según se acerquen sobre las olas, los abordará uno tras otro, y...

No está nada claro si aquella Libertalia descrita por el capitán Charles Johnson en el norte de Madagascar, refugio de piratas libres con su propio código democrático, existió o no. Acaso fue una invención del autor, de quien por otro lado se dice que no fue sino Daniel Defoe, el padre literario de Robinson Crusoe. Sea como sea, hacia allá regresará este Eleonora en octubre, como mandan las corsarias leyes de su estirpe.

El Parque Natural de Sa Dragonera

Frente al oeste de Mallorca, separado de esta por un canal de 800 m de ancho (es Freu), el islote de Sa Dragonera fue declarado Parque Natural en 1995 gracias a una intensa movilización ciudadana que desde los años setenta se oponía a su conversión en un complejo turístico de lujo.

Entre sus muchos y extraordinarios valores naturales destacan sus colonias de halcón de Eleonora, pardela balear y pardela cenicienta mediterránea, así como la cría de la subespecie del papamoscas gris en Baleares o la gaviota de Audouin.

Se llega a Sa Dragonera en barco desde Sant Elm (San Telmo), en Mallorca. Al desembarcar, se debe parar en el centro de información de cala Lledó para anunciar el número de personas, su origen y el objeto de la visita, así como para atender las indicaciones del equipo que trabaja allí. Los grupos de más de diez personas deben tener autorización previa de la dirección del parque, pues el número diario de visitantes en la isla está limitado para evitar problemas de masificación.

Además de los turistas, muchas aves viajeras recalan en la isla en sus vuelos sobre esta zona del Mediterráneo: se han detectado aquí más de 160 especies entre sedentarias, reproductoras, invernantes y migratorias.

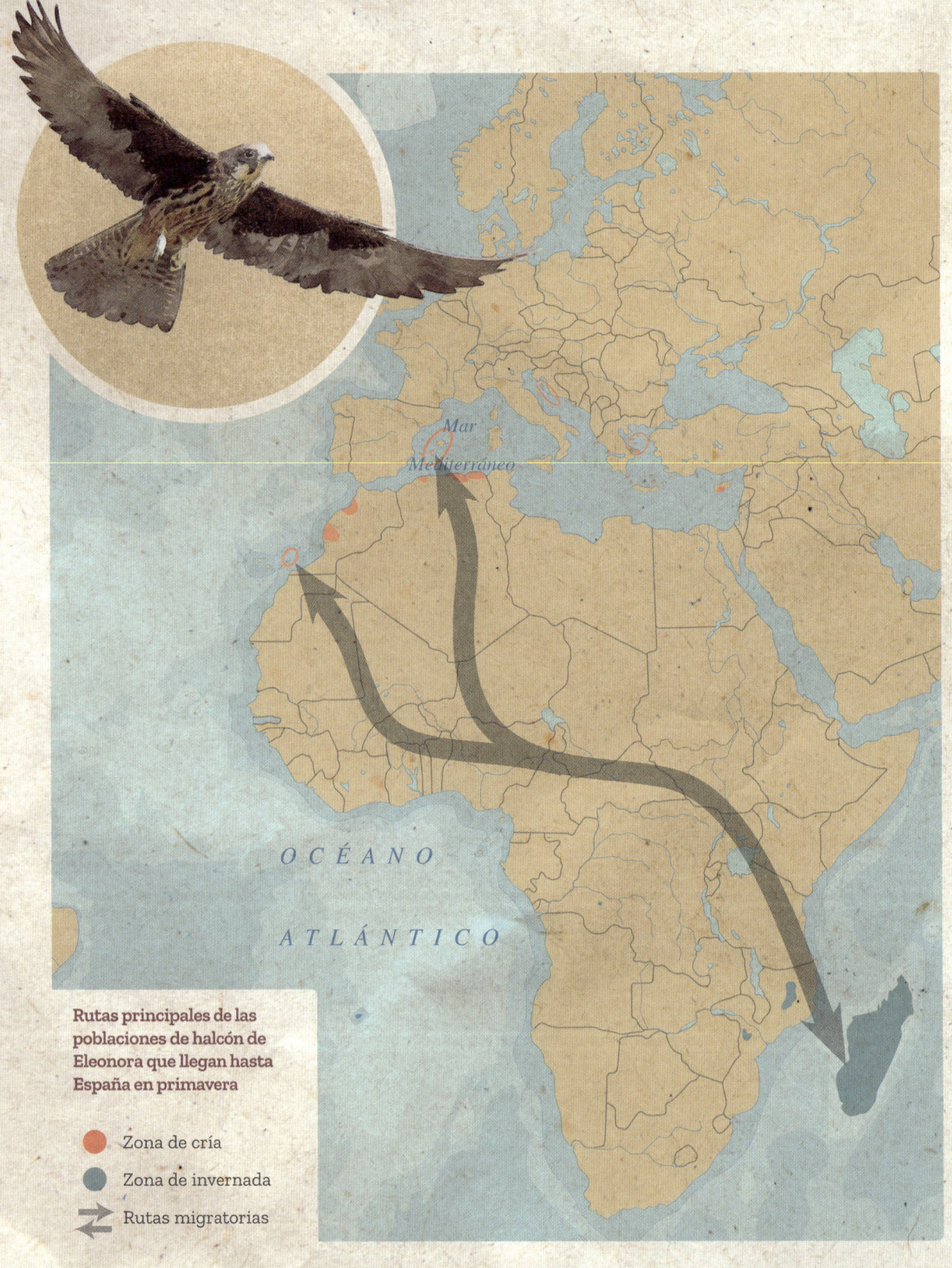

Mar
Mediterráneo

OCÉANO

ATLÁNTICO

Rutas principales de las
poblaciones de halcón de
Eleonora que llegan hasta
España en primavera

● Zona de cría

● Zona de invernada

⇄ Rutas migratorias

Los viajes de los halcones de Eleonora

Con una población global de tan solo 14.300-14.500 parejas, según BirdLife International, el halcón de Eleonora cría únicamente en el litoral mediterráneo (sobre todo en Grecia), en Marruecos y en las Canarias. En las Baleares lo hace tanto en Mallorca e Ibiza como en Cabrera, Sa Dragonera, Tagomago y Es Vedrà. Las islas Columbretes albergan su otra colonia mediterránea en nuestro país. En Canarias anida en los islotes del archipiélago Chinijo, al norte de Lanzarote.

En su viaje otoñal los del Mediterráneo occidental cruzan primero hacia Argelia, en torno a octubre, y luego el Sahara rumbo a Nigeria, Camerún y la cuenca del Congo. A continuación, siguen sobre la República Democrática del Congo, Kenia o Tanzania, de modo que algunos de ellos vuelan no muy lejos de lugares como el lago Victoria, el Serengueti, el cráter del Ngorongoro... Alcanzan así el océano Índico en Tanzania, y vuelan entonces sobre el canal de Mozambique para llegar por fin a Madagascar. El viaje de los juveniles es más lento: suelen detenerse en el Sahel para reponer energías. Su sorprendente capacidad de orientación les conduce luego, sin problema, a sus áreas de invernada.

Su viaje de primavera sigue en ocasiones una ruta algo más oriental. Antes de comenzar a criar, además, dedican un breve tiempo a alimentarse en zonas distantes de sus colonias. En el caso de los que acuden a las Baleares o Columbretes, por ejemplo, se trasladan al interior de Castellón, la serranía de Cuenca, la cordillera Prebética e incluso el sur de Francia.

El *Libro Rojo de las Aves de España* de SEO/Birdlife cataloga como «casi amenazado» al halcón de Eleonora.

HALCÓN DE ELEONORA
El auténtico peregrino

Cae la tarde en los islotes del archipiélago de Cabrera. Desde el mar, asomados a los acantilados o en vuelos erráticos por encima de ellos, los halcones de Eleonora lanzan sus gritos típicos de halcón, cacareos agudos, estridentes, que a veces se confunden con las letanías de las gaviotas. Pero, a diferencia de muchos otros falcónidos, los Eleonora suman sus voces, charlan en comunidad. El griterío se suele levantar al amanecer o un poco antes de la puesta de sol. Las aves realizan acrobacias, rozan los paredones, quiebran en el aire, como si siguieran los trazos de una red invisible, y no dejan de gritar. No está muy claro qué hacen, pero, desde luego, si gritan tanto es porque no están de caza. La mayoría de los bandos de pajarillos de los que se alimentan ya han llegado, antes del alba, o aún no han partido, tras el crepúsculo. Ellos mismos no tardarán en salir de viaje hacia el sur. Y es que el título de peregrinos lo llevan otros, pero los auténticos halcones viajeros son ellos.

CUCO COMÚN

Junio

DESFILADERO DE MONT-REBEI, CATALUÑA

UN VIAJERO ONLINE

El 10 de mayo de 2024 Cleeves fue, por unos minutos, la estrella invitada del programa de variedades *The One Show*, de la BBC británica. Lo acompañó la presentadora y fotógrafa de naturaleza Hannah Stitfall, quien explicó a la audiencia que aquel cuco iba a ser, a partir de esa mañana, todo un viajero *online*. Poco después, Hannah y Cleeves se despidieron. Hannah se fue caminando; Cleeves, volando.

A partir de esa mañana, Cleeves fue y vino por las campiñas de Norfolk, al noreste de Londres, con un minúsculo emisor (denominado «terminal transmisora de plataforma»; PTT por sus siglas en inglés) a la espalda. Gracias a él, los investigadores del British Trust of Ornithology (BTO), entidad que desarrolla este proyecto, estarían muy al tanto de sus desplazamientos. Y no solo ellos: mucha otra gente pudo seguir su periplo a través de la página web de esta entidad.

El objetivo: la conservación

Desde 2011, el personal del BTO ha marcado a más de 100 cucos con emisores a fin de saber más acerca de sus actividades no solo en ese país, sino sobre todo cuando lo abandonan al poco de comenzar el verano. El objetivo es descubrir las causas del acusado declive detectado en algunas de las poblaciones de esta especie en Reino Unido. En especial, según han ido descubriendo, aquellas que migran por España. A las aves británicas que vuelan hacia el sur por Italia no parece irles tan mal.

Aunque «británicas» quizá no sea el adjetivo más adecuado para estas aves: solo pasan en esas islas, como media, de mediados de abril a mediados de junio. El resto de los meses los dedican a viajar y a sus destinos invernales, al sur del Sahara.

Atentos a la pantalla

Quienes desde sus teléfonos móviles, ordenadores personales o tabletas decidieron seguir las andanzas de Cleeves tuvieron que esperar bastante. En aquellas fechas, con sus deberes parentales más que cumplidos, cuanto hizo fue comer y descansar. Y eso que tener familia no le había supuesto mucho trabajo... Apenas poco más que cantar, conseguir compañera y dar luego entre ambos varios cambiazos a unos pocos incautos.

Lo que hacen el macho y la hembra de cucos es bien sabido: tras lograr que otra pareja de una especie de ave diferente (bisbita común, acentor común, carricero común... ¡y muchas otras!) se aleje de su nido, la hembra vuela hasta este y deposita en él su huevo. Y así, varias veces. Se sirven para ello los cucos de dos «disfraces»: por un lado, su aspecto exterior, con ese pecho rayado tan parecido al de un gavilán, habitual depredador de pequeños pájaros. Por otro, resulta que

cada hembra ha desarrollado una capacidad genética asombrosa para «diseñar» huevos de aspecto muy similar a los de la especie de ave que va a parasitar. Así es como los padres adoptivos se creen que esos huevos son suyos, solo que algo grandes. Poco después de romper el cascarón, cada joven cuco expulsa de su nido a los demás huevos. Y se queda como el rey de la casa.

Cruzando el canal, hacia los Pirineos

Cleeves se puso por fin en marcha el 24 de junio. En un vuelo nocturno de 306 km, cruzó el canal de la Mancha hasta Dunkerque y, desde aquí, a las cercanías de la ciudad francesa de Arras. No se entretuvo mucho. Cuatro días y 975 km después, ya cruzaba los Pirineos por algún collado para llegar muy cerca del Parque Natural del Cadí-Moixeró, en el norte de Cataluña. Llegó así a un paisaje único: los montes y barrancos justo al oeste del Congost de Mont-rebei, un espectacular desfiladero excavado por el río Noguera Ribagorzana en la sierra del Montsec, en la frontera entre Aragón y Cataluña.

Se ve que el lugar le gustó: se entretuvo allí hasta el 4 de agosto. Fue esa noche cuando se lanzó sobre Cataluña hacia el Mediterráneo y acometió luego la travesía del Sahara. En solo dos días ya volaba en mitad del desierto. Tras alcanzar primero el humedal de Hadejia-Nguru, catalogado como de Importancia Internacional por el Convenio de Ramsar, se dedicó luego al vagabundeo hasta que el 5 de noviembre llegó a la selvática cuenca del río Bouenza, en el sur de la República del Congo.

Anduvo por esa zona y por Gabón hasta mediados de marzo. Después, como el más intrépido e incansable reportero de viajes, voló de un tirón sobre el golfo de Guinea hasta Ghana y Costa de Marfil.

El desfiladero de Mont-rebei

Este paisaje es uno de los más impresionantes de la sierra del Montsec, primera gran formación de los Prepirineos catalanes.

Sus paredes calizas, de hasta 500 m de altura, pertenecen por un lado a Cataluña y por otro a Aragón. La sección catalana es una de las reservas de la Fundació Catalunya-La Pedrera, y protege casi 600 hectáreas de este espacio. Se puede recorrer por un camino excavado en la roca. Otras rutas señalizadas ofrecen la posibilidad de descubrir ambientes diferentes, que incluyen robledales, encinares, prados secos, barrancos... Su centro de información está en La Masieta, al noroeste de la localidad de Alsamora.

Entre las muchas especies de aves que se pueden observar aquí destacan sobre todo las vinculadas a los altos cortados rocosos: quebrantahuesos, águila real, alimoche, buitre leonado, halcón peregrino, chova piquirroja, cuervo grande... En primavera se dejan ver además el águila culebrera europea y el milano negro, así como alcaudón dorsirrojo, oropéndola, currucas mirlona y carrasqueña y otras especies.

Desfiladero de Mont-rebei,
Sierra del Montsec

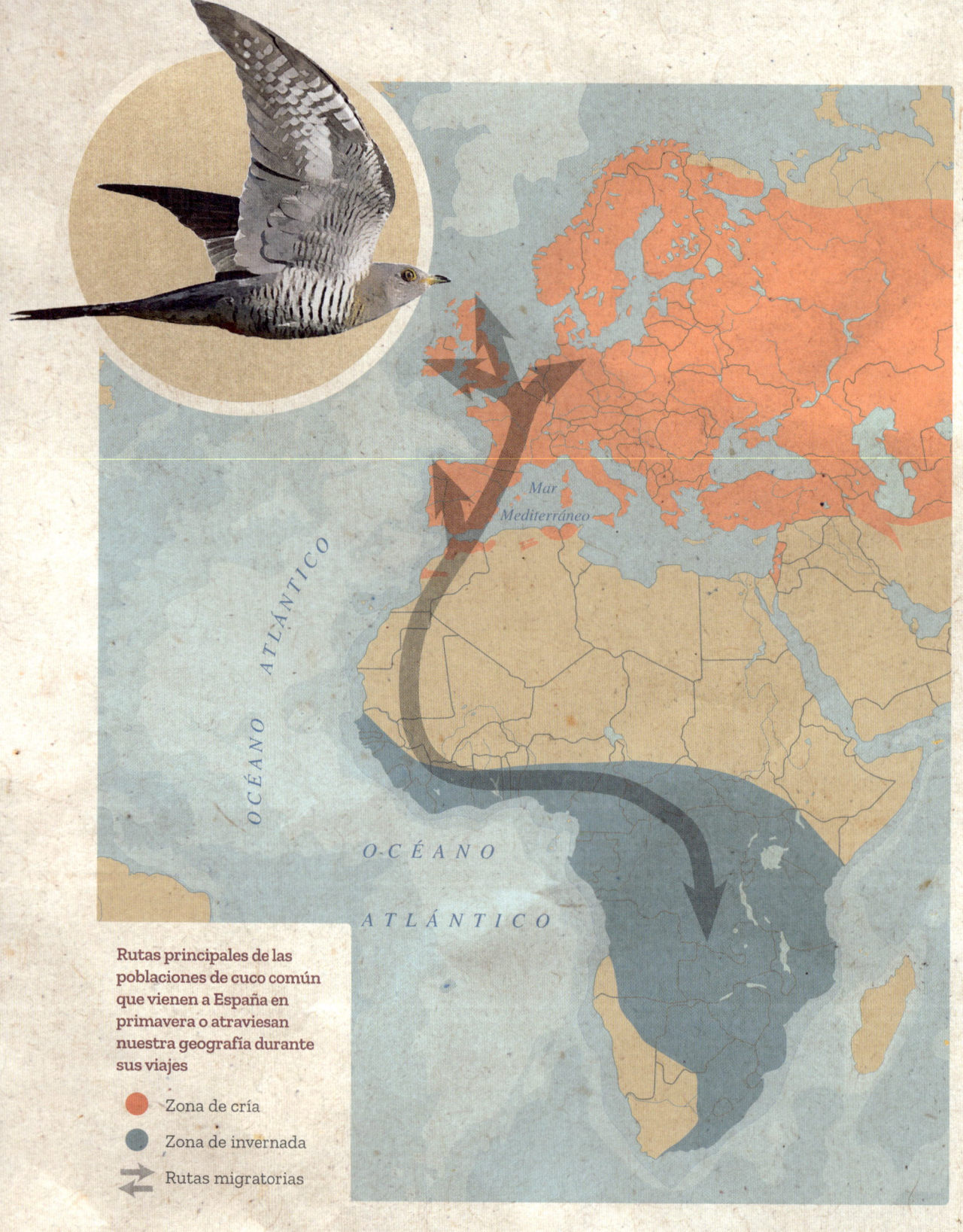

Rutas principales de las poblaciones de cuco común que vienen a España en primavera o atraviesan nuestra geografía durante sus viajes

Zona de cría

Zona de invernada

Rutas migratorias

Mar Mediterráneo

OCÉANO ATLÁNTICO

OCÉANO ATLÁNTICO

Los viajes de los cucos comunes

Según el *III Atlas de las aves en época de reproducción en España* de SEO/BirdLife, mientras que en la Meseta Norte y el Sistema Central el cuco común muestra un ligero aumento de sus poblaciones, en el norte y noroeste, lo mismo que en Cataluña, esta especie ha perdido un tercio de sus efectivos de hace dos décadas. Las causas parecen ser, entre otras, la disminución de las poblaciones de los pájaros que parasitan, una elevada mortalidad en algunas de sus rutas migratorias y la intensificación agrícola.

Además de los que aquí ponen sus huevos, nuestro país acoge una de las principales rutas tanto hacia el sur como hacia el norte de varias poblaciones de cucos europeos. Pasan sobre nuestra geografía en primavera y otoño, por ejemplo, ejemplares que regresan al sur desde las islas británicas y a través de Francia. Pero no todos: algunos de los cucos de allí (los de Gales y Escocia) eligen una vía más oriental, que como a los del centro de Europa los conduce por Italia. Según el British Trust of Ornithology (BTO), la supervivencia de las aves adultas que optan por migrar sobre Iberia es de un 56%, frente al 97% que registran los que siguen la ruta italiana. Esta diferencia tiene lugar ya antes de que las aves abandonen Europa, lo que parece sugerir que los cucos que atraviesan España tienen más dificultades para alimentarse y obtener energía. Una causa podrían ser las sequías estivales en nuestro país. En 2015, ninguno de los cucos marcados por el BTO que transitaron por España sobrevivió...

Los destinos en África de unos y otros se extienden por la cuenca del Congo y áreas próximas.

CUCO COMÚN
Un supremo engaño

Un mentiroso necesita esconderse, disimular, despistar a quien lo escucha. Los cucos lo son, engañan a sus víctimas endosándoles los huevos para que sean ellas quienes saquen adelante a los pollos. Pero en las arboledas la doble nota del cuco se propaga con tenacidad, el parásito no se esconde. Así que, ¿dónde está el truco? La respuesta es pura picaresca evolutiva, el engaño al servicio de la supervivencia. Encaramado en un alto posadero, el ave emite la primera nota con la cabeza erguida y el pico abierto; y la segunda, con la boca bien cerrada.. Y esta condición de ventrílocuo hace que el sonido se perciba con una falsa cualidad de distancia, aparentemente fuera del alcance de la furia que provoca en los pajarillos que tendrán que criar a sus hijos. Este efecto es fácil de comprobar cuando, guiados por el oído, buscamos con los prismáticos a un cuco que, en realidad, canta en un árbol cercano.

La llamada del cuco también sirve para dibujar el espacio. Al final de la secuencia sonora el ave se aleja, el sonido se difumina y lo que escuchamos ya no es su voz directa, sino la reverberación que rebota en las laderas y hace así un dibujo sin líneas de la orografía del valle.

ANDARRÍOS GRANDE

Junio

PARQUE REGIONAL DEL SURESTE, COMUNIDAD DE MADRID

UN DESCANSO MERECIDO

Zumba lejano el fragor de los accesos por carretera a Ciempozuelos. También, cada poco, el estruendo sordo de los aviones mientras se aproximan al aeropuerto de Madrid. Pero lo que sobre todo se escucha son voces de aves: los «curric» de las gallinetas, algún «caiíc-caiíc» de cigüeñuelas, el silbado castañeteo de varios abejarucos, la cháchara de un puñado de jóvenes estorninos negros. Y muchas otras más.

Algunas de las que llevan todo el día alimentándose o volando sobre este pequeño humedal, su carrizal y su campiña adyacente comenzarán a partir en dos meses hacia África: chorlitejo chico, carricero tordal, avión zapador... Serán sustituidas por las que llegarán del norte a pasar aquí el invierno: cerceta común, ruiseñor pechiazul... Entre tanto, otras se presentarán de paso: mosquitero musical, aguja colinegra... Y un largo etcétera. En los últimos años se han observado en este lugar más de 200 especies.

Y es que, como tantos otros pequeños y grandes humedales de nuestro país, este de Soto Gutiérrez funciona para las aves como todo un aeropuerto a la altura del Adolfo Suárez Madrid-Barajas. También ahora, a finales de junio, y en pleno solsticio de verano, cuando el sol deja de amanecer cada mañana más al sur y de ponerse cada tarde más al norte y la inmensa mayoría de las aves migratorias europeas, aunque no todas, parecen haberse olvidado de viajar.

No, no todas. De hecho, hoy este aeropuerto natural ha registrado la entrada de cuatro trotamundos que vienen nada menos que de Suecia.

Los pioneros de cada año

Son andaríos grandes. Distribuidos por las anchas orillas estivales, van picoteando en el fango mientras la parte posterior de su cuerpo se balancea igual que un metrónomo. De hecho, sus cuerpos parecen moverse en varios tempos diferentes: el más veloz es el de su cabeza y su pico, detectando y atrapando pequeños invertebrados. A la vez, sus patas avanzan con celeridad algo más suave, salvo cuando emprenden una carrerilla. En cuanto a esa popa alargada suya, formada por su cola y el extremo de sus alas, oscila arriba y abajo con un ritmo regular y sosegado, suspendido cuando el ave introduce su pico en el fango con vehemencia. El resultado es una danza sin compás, a la que se suma, cada cierto tiempo, un vuelo breve para cambiar de orilla.

El que les ha traído hasta aquí ha sido mucho más largo, claro. Vienen de muy cerca de donde el sol no se pone bajo el horizonte en estas fechas: el círculo polar ártico. Uno de ellos es una hembra. Parece que por el momento ha saciado su apetito, porque ha colocado su pico bajo un ala, ha plegado una de sus patas hacia su vientre y se ha dispuesto a descansar.

Los pollos, al cuidado del padre

Se merece unas buenas vacaciones de verano. Desde que llegó a comienzos de abril al bosque boreal escandinavo donde sacó adelante a su familia de este año, no ha parado de trabajar. Primero, valorando con rigor de jurado de concurso televisivo los vuelos de su macho: un ascenso con las alas vibrando rápido, seguido por una trayectoria circular y luego por un descenso repentino, con las alas ya completamente abier-

tas. Y así una y otra vez hasta que el muchacho consiguió el «sí». Vino a continuación la localización de un lugar donde poner sus huevos. Tras inspeccionar en pareja, de pícea en abedul, nidos abandonados de zorzal y de paloma torcaz, se decidieron por uno de ardilla.

Allí puso cuatro huevos que incubaron entre los dos, y que en tres semanas se convirtieron en cuatro pollos hambrientos. Tanto ella como él se encargaron de alimentarlos, pero cuando aún no habían crecido del todo, ella se marchó y comenzó su migración, dejándole a él la responsabilidad de terminar la cría. Es algo habitual en las hembras de su especie:

no hizo sino seguir unas instrucciones más que ancestrales.

Destino africano

Sí, se merece un descanso. Y lo necesita. Porque aún le queda ruta por delante. Las siguientes etapas de su viaje la llevarán desde aquí hasta muy al sur del Sahara: pasará varios meses en los meandros de un río al noroeste de la República Centroafricana, un lugar donde el aeropuerto más próximo se parece muy poco al de Madrid, pues es una pista de tierra roja de tan solo 1 km de longitud.

La ruta del Soto Gutiérrez

El Parque Regional del Sureste de Madrid protege un conjunto muy diverso de ecosistemas: tramos de río, lagunas con masas de carrizo, cortados y cuestas yesíferas, bosques de pinos, coscojas, encinas y quejigos, zonas de cultivo, pastos para ganado... Todo ello favorece la oportunidad de observar, a lo largo de las estaciones y al lado de la gran capital, una más que notable diversidad de aves.

A un paso de la localidad de Ciempozuelos, muy cerca del sur de Madrid capital, uno de sus rincones más visitados es la ruta de Soto Gutiérrez. Conduce de ida y vuelta, a lo largo de menos de 10 km, desde por ejemplo la estación de ferrocarril de Ciempozuelos hasta un pequeño humedal muy próximo al río Jarama y sus cortados.

Según el momento del año, se pueden encontrar aquí desde garza imperial, calamón o bigotudo hasta grandes grupos de avefrías o cigüeñas blancas, moritos y un amplio catálogo de limícolas, garzas o pequeños pájaros: de un paseo de pocas horas por sus diversos hábitats, en casi cualquier mes, se puede regresar fácilmente con varias decenas de especies observadas.

Parque Regional del Sureste

O C É A N O

A T L Á N T I C O

Mar
Mediterráneo

Rutas principales de las poblaciones de andarríos grande que vienen a España a pasar el invierno o atraviesan nuestra geografía durante sus viajes

- Zona de cría
- Zona de invernada
- Rutas migratorias

Los viajes de los andarríos grandes

El andarríos grande es una de las primeras especies norteñas en emprender la migración hacia el sur. Su área de cría es muy extensa: desde el norte de Alemania y Polonia hasta gran parte de Noruega, Suecia y Finlandia, llegando por el este hasta el mar de Ojotsk, entre la península de Kamchatka y las islas Kuriles. BirdLife International estima que su población reproductora europea se sitúa entre 616.000 y 1.050.000 parejas, que crían principalmente en Rusia, Finlandia y Suecia. Los que cruzan Iberia en sus migraciones provienen de ese norte europeo. El resto de poblaciones vuelan hacia el sur en verano en una ancha banda que tiene en Iberia una más de sus principales vías.

Según se ha comprobado a través del anillamiento, los andarríos grandes parecen ser muy fieles a sus lugares de parada y fonda. Y a los de invernada. Unos cuantos se quedan entonces en el centro y sur de Europa. Aquí en España, según el *Atlas de las aves en invierno en España 2007-2010*, pasan esos meses más fríos varios miles de individuos. Lo hacen sobre todo en orillas de masas de agua interiores. Otros se establecen en el norte del Magreb, si bien la mayor parte de los suyos vuelan a la mitad sur de África para extenderse de septiembre a febrero o marzo entre el sur del Sahel y Sudáfrica.

Las primeras en emprender el viaje de otoño acostumbran a ser las hembras. Lo hacen cuando sus pollos son todavía volantones que se quedan así al cuidado de los machos. Estos abandonan sus bosques boreales un poco después: a lo largo de julio y agosto. Suelen viajar en grupos pequeños.

ANDARRÍOS GRANDE
Vuelo rasante

Con su nombre, no es de extrañar que el andarríos grande tenga un reclamo específico para sus vuelos rasantes sobre el agua. Uno de ellos va y viene, pasa de largo a unos pocos palmos de altura sobre la lámina líquida, eleva la voz al cruzar por delante del micrófono —a todo el mundo le atraen los micrófonos— y se lo oye alejarse laguna adentro. En un momento determinado, dos ejemplares se posan con las patas en el barro y continúan con la conversación. Cae la tarde y de fondo un clamor de anfibios emerge de los charcos. Y si abría la secuencia un chorlitejo chico, una agachadiza común la cierra cuando escapa en zigzag sobre la pradera inundada de la orilla.

CORRELIMOS ZARAPITÍN

Julio

PARQUE NATURAL DE LA ALBUFERA DE VALENCIA, COMUNIDAD VALENCIANA

LA VANGUARDIA SIBERIANA

Por una superficie baldía en mitad de un arrozal próximo a Sueca van y vienen un puñado de pequeñas zancudas de pecho color óxido. Se las ve entusiasmadas con la cantidad de alimento que van encontrando a cada corto y rápido paso.

Su especie es de las primeras en iniciar su migración desde el norte siberiano. Se llaman correlimos zarapitines por su pico relativamente largo y curvado hacia abajo, similar al de los zarapitos. Lo introducen una y otra vez en el fango, con una intensidad tal que casi parece la de una máquina de coser. Sondean con él ese barro húmedo para detectar, gracias a unas terminaciones nerviosas denominadas «corpúsculos de Herbst», la presencia de sus invertebradas presas. Y eso que han llegado esta misma noche de una de las regiones más frías y remotas del planeta.

Sopor estival

A poca distancia, la albufera de Valencia se ha despertado esta mañana de finales de julio envuelta en una atmósfera demasiado cálida incluso para este mes. Hace ya semanas que la actividad cantora de carriceros comunes y tordales se ha reducido al mínimo en los carrizales de las matas. Sobre las aguas inmediatas vuelan perezosos los fumareles cariblancos. Las crías de los ánades azulones y otros patos son ya tan grandes como sus padres, quienes a su vez se muestran descoloridos, pues están en plena muda de plumaje. Con el sopor estival, incluso los grupos de cigüeñuelas y charranes patinegros parecen menos ruidosos. En los terrenos abiertos las canasteras comunes, posadas, se oxigenan con los picos abiertos. Todo reverbera en la distancia: los flamencos comunes parecen acuarelas vibrantes.

Llega una bandada de moritos y se posa junto a los correlimos zarapitines. Estos se apartan solo un poco y enseguida continúan sondeando y comiendo, comiendo y sondeando. Es como si alguien les hubiese dado cuerda y no pudiesen parar.

Los primeros son ellos

La gran mayoría son machos adultos. Su migración comienza mucho antes que la de hembras y juveniles, pues tras la puesta de huevos en el nido dejan a las primeras a cargo de toda la cría. Así es como, mientras que estos padres disfrutan de los manjares de este arrozal valenciano, las madres se encargan de velar por la supervivencia de sus todavía muy pequeños hijos... A cerca de 6.000 km de aquí.

Esas regiones remotas adonde acuden a criar los correlimos zarapitines se distribuyen por el norte de Siberia, desde la península de Yamal hasta la de Chukotka, y se concentran, sobre todo, en la zona del Taymir, esa gran península bañada por las aguas del golfo del Yeniséi, las del mar de Kara y las del mar de Láptev. Todos ellos son topónimos que escuchamos muy pocas veces en nuestras vidas pero que estas y otras aves migratorias vinculan con Iberia a través de sus larguísimos viajes.

Un rato de observación

Llega por una pista una pequeña furgoneta con el logotipo de un chorlitejo chico en sus laterales. Se detiene a cierta distancia de las aves para no asustarlas.

Se baja la ventanilla del conductor y asoma por ella el rostro de una chica que se lleva a los ojos unos prismáticos. Se llama Yanina Maggiotto y es una ornitóloga licenciada en Turismo y especializada en observación de aves y fotografía silvestre. Nacida en Argentina, se mudó a España en 2002 y se enamoró del Parque Natural de la Albufera de Valencia, donde ahora vive con su familia y dirige su propia empresa de turismo, Visit Natura.

Durante un rato, cuenta los ejemplares de las diferentes especies presentes y los va apuntando en la aplicación de eBird de su móvil. Se congratula de haber visto ese grupo de correlimos zarapitines: estos días atrás solo había detectado unos pocos ejemplares. Una vez termina, se queda un rato consultando varios mensajes de

trabajo en el propio móvil. Responde algunos. Otros los deja para después. Luego levanta sus prismáticos de nuevo.

Los zarapitines no estarán aquí muchos días. Pronto continuarán hacia el sur. Les sustituirán otros, también de parada y fonda. Los destinos de los que pasan por España en sus migraciones son las costas occidentales de África, a otros 3.000 km.

También los correlimos zarapitines están atentos a mensajes, se dice Yanina. Como todas las aves. En especial, las migratorias. A mensajes que llegan desde el cielo, desde el magnetismo terrestre, de otras aves... La propia albufera parece estar siempre con ganas de charla. Arranca su furgoneta y se va en busca de más observaciones.

El Parque Natural de la Albufera de Valencia

El Parque Natural de la Albufera de Valencia, a un paso de la capital, es visita obligada para quien guste de recorrer este país con sus prismáticos. Sus hábitats más característicos incluyen islas de vegetación (matas), manantiales (*ullals*), zonas dunares, bosques litorales, arrozales y huertas, lagunas, canales...

En primavera, en diferentes hábitats, crían aquí numerosas especies de garzas y varias de gaviotas, así como charranes patinegro y común, charrancito común y pagaza piconegra. También carricerín real, calamón o canastera común, entre muchas otras aves. En invierno, en las aguas abiertas, se reúnen grandes concentraciones de diferentes especies de patos, mientras que las zonas de arrozales reciben la visita de avefrías o chorlitos dorados. Por si fuera poco, los pasos migratorios reúnen grandes cantidades de aves viajeras, entre ellas muchas especies de limícolas, con cifras a veces muy altas de agujas colinegras.

Para organizar tu visita, lo mejor es comenzar por su Centre d'Interpretació Racó de l'Olla, con vistas hacia la gran laguna y la mata del Fang.

![Parque Natural de la Albufera de Valencia]

Parque Natural de la Albufera de Valencia

OCÉANO ATLÁNTICO

Mar Mediterráneo

OCÉANO ATLÁNTICO

OCÉANO ÍNDICO

Rutas principales de las poblaciones de correlimos zarapitín que atraviesan España durante sus migraciones

● Zona de cría

● Zona de invernada

→ Rutas migratorias

Los viajes de los correlimos zarapitines

Tras partir de sus territorios de cría en el norte de Siberia, los correlimos zarapitines que pasan cada verano y otoño por territorio español siguen dos rutas migratorias principales.

Una de ellas cruza primero el mar Blanco hacia las costas occidentales para seguirlas luego rumbo a África occidental. La otra les lleva sobre tierra a través de Europa rumbo al mismo destino, ya sea siguiendo después la costa marroquí o cruzando directamente el desierto del Sahara hasta el golfo de Guinea.

Otra parte de la población que cría en esa misma zona de la remota tundra siberiana opta cada año por unos destinos invernales radicalmente diferentes. Algunos cruzan Rusia hasta las costas de los mares Negro y Caspio y, de ahí, a través de Oriente Próximo, hasta el África oriental y meridional. Otros prefieren llegar hasta la India... ¡O a Australia, sobrevolando el este de Asia!

Estas aves son unas viajeras extraordinarias, capaces de cubrir enormes distancias en un solo vuelo. Una de sus estrategias a tal fin es acumular antes de la partida grandes cantidades de grasa, hasta el extremo de conseguir que esta llegue a suponer la mitad de su peso. Según diferentes investigaciones, semejante cantidad de combustible les permite una autonomía de vuelo de entre 2.000 y hasta 5.000 km.

De manera genérica, los machos dejan las zonas coincidiendo con la eclosión de los huevos. Suelen integrar así la mayor proporción de los primeros grupos migratorios que aparecen en julio. Más tarde llegan las hembras. En cuanto a los juveniles, suelen ser de los últimos en pasar. La migración de primavera es mucho menos notoria.

CORRELIMOS ZARAPITÍN
Nocmig

El *Nocmig* es el estudio de la migración nocturna a partir de grabaciones hechas por micrófonos dirigidos hacia el cielo. En esta pieza sonora esos registros están mezclados con otros en los que se se escucha, por añadidura, lo que pasa en el suelo, entre el agua y los cañaverales de una laguna litoral mediterránea. Y mientras un cetia ruiseñor da la señal que marca el paso del crepúsculo a la noche, unos chirridos agudos sobrevuelan por encima —«¡chirrip!»—, espaciados, no muy altos. En la inmensidad del cielo nocturno el micrófono capta los reclamos de los correlimos zarapitines, en su vuelo hacia quién sabe dónde. No está muy claro si estas aves emiten sus voces de contacto continuamente o solo cuando advierten algún imprevisto en la ruta. La técnica del *Nocmig* nos proporciona una instantánea. Pero ¿cuántas veces los zarapitines reclamarán a lo largo de su viaje infinito?

PARDELA BALEAR

Julio

PARQUE NACIONAL MARÍTIMO-TERRESTRE
DEL ARCHIPIÉLAGO DE CABRERA, ISLAS BALEARES

DESDE UNA CUEVA

Por el momento todo sigue siendo penumbra y humedad. Y desde el más allá, una luz tenue y los ecos de las olas, amplificados por la estrecha cueva como a través de un antiguo instrumento de viento. Resuenan a su alrededor los trompeteos agudos de otros pollos como ella, repartidos en repisas de roca como la suya. Algunos, los más jóvenes, siguen siendo alimentados por sus padres, pero con cada vez menos frecuencia.

A ella hace ya tiempo que no viene a verla nadie. Cada vez que un adulto entra en la cueva, la vibración de esas alas suena a providencia. Pero hace ya días que los buches llenos son para otras pardelas baleares. Sus propias reservas, y mira que eran abundantes, empiezan a menguar. Con el hambre, la necesidad se concreta cada vez más en la exigencia del salto: de abrir sus propias alas y, de forma definitiva, abandonar cuanto ha conocido hasta ahora, esta cueva en un acantilado de la isla de Cabrera.

Podría decirse que los pollos de pardelas baleares eclosionan dos veces. La primera, para salir de su huevo. La segunda, para salir de la cueva marina donde han nacido y han crecido y lanzarse hacia ese más allá de donde llegan la luz y las voces de las olas.

Hacia el más allá

Ese más allá no es solo el mar Mediterráneo. Es mucho más. Su cartografía está en gran parte trazada en una carta de navegación guardada en la misma caja de herramientas para la vida que viene inscrita de serie en su condición.

Tras dar por fin ese salto y cruzar con un aleteo titubeante la boca de su cueva, lo que encontrará será la inmensidad de un mar nocturno estival sobre el que brillarán los astros.

Es probable que tras ese primer vuelo se pose por primera vez entre las olas, lejos de las rompientes. A la vez, quizás, sorprendida y extrañamente segura de sí misma.

Los días siguientes aprenderá a acompañar a otras pardelas baleares en su busca de alimento, y a volar cada vez mejor. Buceará en busca de pequeños peces plateados. Comprenderá que los bocados son más abundantes allí donde se reúnen tanto las suyas como las pardelas cenicientas mediterráneas y las gaviotas patiamarillas y de Audouin. También que a popa de algunos barcos pesqueros suele haber qué comer.

Se irá alejando luego de su Cabrera natal hacia el mar de Alborán. Si todo va bien, en torno a una semana después, mientras el mes de julio avanza, formará parte de una pequeña bandada que cruce el estrecho de Gibraltar para salir al Atlántico. Así descubrirá las nutritivas aguas del golfo de Cádiz.

Doblando dos esquinas

Unos días después, como arrastrada por las corrientes de su tribu y de su instinto, dejará a su derecha, como quien dobla una esquina, los pálidos acantilados de Sagres y del cabo San Vicente y comenzará a volar hacia el norte. Frente al li-

toral central de Portugal hallará de nuevo gran cantidad de alimento. Y muchas pardelas baleares como ella, y pardelas cenicientas atlánticas también. Quizá decida permanecer allí unos días. O todo el verano. Quizá opte, en cambio, por continuar cuanto antes su vuelo, en paralelo a la costa. A esas alturas su destino tendrá cada vez más que ver con su propia toma de decisiones, a su vez determinada por cuanto vaya encontrando y aprendiendo.

Si continúa, alcanzará primero las frías y ricas aguas frente a las Rías Baixas, después las que se extienden ante la Costa da Morte y las del golfo Ártabro coruñés, y finalmente doblará otra esquina: el cabo de Estaca de Bares. Habrá llegado entonces al Cantábrico.

Otoño francés

Varios miles de las suyas se concentran en verano, y hasta entrado el otoño, ante las costas al sur y al norte de la Bretaña francesa, en áreas como el Mor Braz (el 'Gran mar'), frente a Quiberon y Carnac. Otras, en número ya inferior, se desplazan incluso más al norte, llegando al sur de Inglaterra. Las más audaces pueden presentarse incluso en Escocia.

Hasta donde llegue para entonces ella dependerá ya de demasiadas variables...

Por el momento, permanece indecisa en esta cueva marina, cambiando de postura en su repisa de piedra, cada vez más a punto de desprenderse de ella, pero todavía no.

Desde el más allá, como un apremio, resuena el dilatado compás de las olas. Es uno de los sonidos más antiguos de este planeta, mucho más que todas las estirpes vivas, que todos los latidos y las resoluciones, que todos los afanes viajeros.

El Parque Nacional Marítimo-Terrestre del Archipiélago de Cabrera

La visita al Parque Nacional Marítimo-Terrestre del Archipiélago de Cabrera es una de las experiencias pajareras más atractivas de cuantas se pueden disfrutar en este país, en particular si coincide con una jornada de parada y fonda de aves migratorias, en pleno paso de primavera o de otoño. Se llega por mar, mediante empresas de transporte de pasajeros autorizadas que zarpan de los puertos de Colònia de Sant Jordi y Portopetro, en el sur de Mallorca. Es conveniente reservar plaza.

Crían en sus acantilados, además de la pardela balear, la pardela cenicienta mediterránea, el cormorán moñudo, la gaviota de Audouin, el paíño europeo, el halcón de Eleonora o el águila pescadora, entre otras especies. Y en sus matorrales de garriga y pequeños bosques, las currucas balear, carrasqueña y cabecinegra, el papamoscas gris de la subespecie exclusiva de las islas Baleares... A ellas se suma durante las migraciones un extenso catálogo de aves viajeras, que incluyen oropéndola europea, abubilla, colirrojo real, papamoscas cerrojillo, tarabilla norteña, currucas mosquitera y zarcera, mosquitero musical, bisbita arbóreo, águila calzada, aguilucho lagunero occidental, alcotán común, abejero europeo, milano negro...

Bahía de la isla de Cabrera

OCÉANO ATLÁNTICO

Mar
Mediterráneo

Ruta principal de dispersión de la pardela balear tras la temporada de cría.

● Zona de cría

⇄ Rutas migratorias

Los viajes de las pardelas baleares

La pardela balear se considera el ave marina más amenazada de Europa. Solo cría en acantilados e islotes de Mallorca, Cabrera, Ibiza, Menorca y Formentera. Durante esa época, los adultos se alimentan tanto alrededor de este archipiélago como frente a las costas mediterráneas ibéricas y norteafricanas, así como en el golfo de León.

Tras la reproducción, cruzan el estrecho de Gibraltar. Los ejemplares nacidos cada año lo hacen sobre todo hacia julio; los adultos y no reproductores, en mayo y junio. Solo algunos individuos, entre ellos los de Menorca, tienden a permanecer en el Mediterráneo occidental. La especie se dispersa entonces por aguas inmediatas al Atlántico ibérico, desde el golfo de Cádiz hasta Galicia, y más al norte hasta el entorno de la Bretaña francesa y el sur de Inglaterra. Solo algunas llegan al mar del Norte.

El regreso al Mediterráneo tiene lugar de septiembre a noviembre. Durante el invierno se presenta sobre todo a lo largo de la costa del Levante ibérico, en ocasiones en concentraciones de varios miles de individuos. El período reproductor se reinicia en marzo.

El *Libro Rojo de las Aves de España* de SEO/Bird-Life cataloga a la pardela balear «en peligro crítico». El motivo es el constante declive de la especie, próximo a un 14% anual. Sus principales amenazas son la captura accidental con artes de pesca y la depredación en las colonias de reproducción por mamíferos introducidos, como gatos y ratas. Además, algunos jóvenes recién volados son atraídos fatalmente por las luces artificiales. Según el *Libro Rojo*: «Los modelos de población predicen una disminución de más del 90% en tres generaciones con un tiempo de extinción promedio de aproximadamente sesenta años».

PARDELA BALEAR
Llantos y lamentos

Noche sin luna, en un islote rocoso tan pequeño que no hay un palmo al que no lleguen las salpicaduras del mar. Y eso que el mar está tranquilo como un estanque. La única luz procede de las estrellas y de la bioluminiscencia del agua. Y en esta penumbra, las pardelas baleares, recién llegadas de las aguas costeras, conversan en las bocas de sus madrigueras a base de lamentos lastimeros y respiraciones profundas, por momentos formando un dueto entre dos *partenaires*. No se sabe muy bien la causa del carácter nocturno de las pardelas cuando están en tierra, de casi todas ellas en general. Quizá buscan pasar desapercibidas —a pesar de los gritos—, mantener el secreto sobre la ubicación de los nidos y despistar a las siempre atentas y voraces gaviotas de la costa.

CARRICERÍN CEJUDO

Julio

URDAIBAI BIRD CENTER, PAÍS VASCO

TRAZANDO LA DIAGONAL EUROPEA

«¡Eres el primero del verano!», exclama con un susurro el humano que se le acerca por entre las cañas.

Atrapado en la red de anillamiento, su corazón late a toda velocidad. Unas manos cuidadosas y expertas lo retiran de la trampa en que ha caído y lo introducen en una bolsita de tela.

Vuelve a ver la luz del día un par de minutos después, junto a una mesa en la que se ha dispuesto diverso material: una pesa digital, unos pequeños alicates, un par de decenas de anillas metálicas ensartadas como las cuentas de un collar en un tubito de plástico...

«Es un juvenil», le dice a su compañera quien lo ha retirado de la red. Mientras estudia sus plumas, lo mantiene sujeto con delicadeza por sus patitas rosadas.

El carricerín cejudo lo observa con irremediable desconfianza. Más cuando el anillador le pone una de esas anillas con ayuda de los alicates. Su colega, mientras tanto, canta el código alfanumérico inscrito en ese metal, al tiempo que lo apunta en una ficha. Es un poco como si lo bautizara. A continuación quien lo tiene en su mano le estira un ala para, con una breve regla de acero, medir al milímetro la extensión de sus plumas primarias. Es la primera de varias biometrías, que se suceden una tras otra: pico, cola, tarso...

Del noreste al suroeste

A su alrededor, el amanecer en la laguna de Orueta, inmediata al Urdaibai Bird Center y a pocos kilómetros al norte de Gernika-Lumo, re-

suena con las voces de algunos patos, de algunas urracas, el chirrido áspero de un rascón... Varias golondrinas comunes van y vienen sobre la masa de juncos y cárices entre los que el carricerín ha estado desayunando tras tomar tierra en este lugar hace unas horas.

Con apenas 13 cm de longitud y 10 g de peso, y poco más de dos meses y medio de vida, ha llegado hasta aquí tras cruzar en diagonal, de noreste a suroeste, el occidente de Europa. Su aventura comenzó a comienzos de este mes de agosto en su hogar natal en el suroeste de Bielorrusia, una verde y húmeda extensión de cárices salpicada de sauces. Tras atravesar Polonia, Alemania y el norte de Francia, fue una breve travesía sobre la esquina más suroriental del golfo de Vizcaya la que le decidió a entrar en este estuario del río Oka. Nada más llegar, se puso a alimentarse con

Edorta Unamuno, quien lo ha retirado de la red y luego le ha tomado las medidas, les explica con rapidez algunos detalles importantes sobre esta especie. Lo primero, su condición de muy amenazada a nivel global. Después, cómo se diferencia del similar carricerín común y la forma de saber, a través de la observación de su plumaje, si un ejemplar es un joven o un adulto. También que es precisamente a través del anillamiento científico como se han podido conocer mejor las rutas de los carricerines cejudos a través de Europa, por ser un pájaro discreto, difícil de detectar a distancia en el campo. Y cómo esta información ha resultado capital para su conservación, pues ha hecho posible la puesta en marcha de diferentes proyectos destinados a la protección y restauración de sus áreas de cría y de parada migratoria, varios de ellos aquí en España, financiados entre otros por los fondos LIFE de la Unión Europea o la Fundación Biodiversidad. Terminada la breve clase, Edorta abre su mano y el carricerín cejudo vuela veloz y aliviado en busca de refugio.

Cálculo mental

«¡Buen viaje, chavalín!», se despide Edorta. Un rato después, terminada la sesión de anillamiento, recoge las redes con su equipo y se dirige al edificio del Urdaibai Bird Center, donde le esperan otras tareas. Va haciendo un cálculo mental. Lleva trabajando allí desde su apertura, en 2012. Y aún más años anillando aves en este paisaje, el humedal más importante del País Vasco. Pero el cálculo que hace mientras camina no tiene que ver con su peripecia vital, sino con la del pájaro que acaba de liberar. Si todo le va bien, se dice, tras completar un viaje de más de 7.000 km, podría estar instalado en su zona de invernada, al sur del Sahara, en solo unas semanas. Le desea la mejor de las fortunas.

la alegría de haber encontrado un lugar repleto en esa fecha de nutritivos invertebrados. Estaba en ello cuando, en un corto vuelo, se topó con la invisible red de anillamiento.

Una clase breve

Avisadas por móvil, se han acercado a verlo tres personas más, participantes en la campaña de voluntariado que cada verano pone en marcha el Urdaibai Bird Center.

Reserva de la Biosfera de Urdaibai

El Urdaibai Bird Center

Localizado en la Reserva de la Biosfera de Urdaibai, en Vizcaya, y gestionado por la Sociedad de Ciencias Aranzadi, está dedicado a la investigación y divulgación científica de las aves, sus migraciones y los hábitats donde viven. Su historia comienza con el inicio de programas de anillamiento de aves por parte de la Asociación Elaia en 2001.

Por entonces los inmediatos humedales de Gautegiz-Arteaga estaban muy degradados. Un ambicioso proyecto incluyó su regeneración y la creación de un extraordinario museo de la naturaleza que hoy acoge nutridas visitas diarias. Desde sus ventanales se observan muchas de las muy diversas especies presentes aquí a lo largo del año, entre ellas tanto aves acuáticas como terrestres, y ya sea migradoras, reproductoras o invernantes.

El Urdaibai Bird Center participa en numerosos proyectos internacionales. Es posible colaborar en alguno de ellos gracias a sus programas de voluntariado. Además, dispone de alojamientos turísticos para pasar unos días pajareando por la zona. Su página web es, por otro lado, una incesante fuente de información acerca de las aves que recalan en este lugar excepcional.

Rutas migratorias principales de las poblaciones de carricerín cejudo que atraviesan España durante sus viajes.

- Zona de cría
- Zona de invernada
- Migración primaveral
- Migración otoñal

OCÉANO ATLÁNTICO

Mar Mediterráneo

OCÉANO ATLÁNTICO

Los viajes de los carricerines cejudos

Con una población de solo 27.000-43.000 individuos según BirdLife International, las zonas de cría de los carricerines cejudos se concentran sobre todo en los valles del río Biebrza (noroeste de Polonia), el río Yaselda (suroeste de Bielorrusia) y el río Pripyat (noroeste de Ucrania). Se reproducen además en Alemania, Hungría, Lituania y Rusia. Cada verano, desde finales de julio, emprenden una migración hacia el suroeste que lleva a casi todos ellos hacia Iberia.

Llegan aquí desde el oeste de Francia. La costa cantábrica se convierte de ese modo en el pórtico de acceso a la península para muchos de ellos. Siguen luego hacia el suroeste, con nuevas zonas de descanso y alimentación en numerosos humedales del interior, por ejemplo la laguna de la Nava, en Palencia. Tras alcanzar el sur de Portugal y Andalucía, tanto siguen después el litoral africano como vuelan mar adentro en paralelo a este para tomar de nuevo tierra a la altura de Mauritania. Su destino, al que llegan hacia el equinoccio de otoño, está en el Sahel, desde Senegal y Malí hasta Ghana. La migración de primavera sigue una ruta más oriental, que pasa sobre todo en abril por el Mediterráneo.

El *Libro Rojo de las Aves de España* cataloga al carricerín cejudo como «en peligro» debido al muy comprometido estrado de su población, que se redujo en un 95% en el siglo XX. Y destaca la importancia fundamental de los humedales ibéricos, como lugar de parada y fonda, para su conservación. Son en consecuencia las amenazas que sufren estos ecosistemas las que de forma más grave afectan a este pájaro: pérdida o transformación del hábitat, especies invasoras, contaminación, inacción de las administraciones...

CARRICERÍN CEJUDO
Tirando del hilo

De una maraña de voces formada por buitrones, carriceros comunes y tordales, todas envueltas en el zumbido agudo de una nube de mosquitos, sobresalen los reclamos de un carricerín cejudo. Mientras todos los demás cantan sus canciones territoriales, él se limita a lanzar algunos reclamos chirriantes, agudos. Está de paso hacia el sur, no tiene ningún territorio que defender, ningún vínculo de pareja que mantener; se ha detenido a repostar en esa nube de mosquitos —o, mejor dicho, de los que aún están posados—, el plancton aéreo que sostiene a toda la comunidad y que a él le permite reponer fuerzas para proseguir su viaje. A veces, los reclamos un poco más largos se pueden asociar con una llamada de alarma, aunque nadie a su alrededor parezca percibir el peligro.

VENCEJO COMÚN

Agosto

ALANGE, EXTREMADURA

EL AIRENAUTA

Desde la boca de un hueco en uno de los muros de la iglesia de Alange, en Badajoz, donde ha sacado adelante a su familia este año, abre sus alas y salta al vacío para enseguida elevarse hacia el azul.

Traza entonces una pirueta como de fin de función y se dirige veloz hacia las ruinas del castillo del pueblo.

Ese ha sido su último contacto con tierra firme hasta dentro de diez meses.

Aunque no «astronauta», sí lo podríamos denominar «airenauta». Y es que su hogar, hasta que regrese aquí mismo en primavera, será la atmósfera. Por ella navegará de ida y vuelta de África, cruzando dos veces la línea del Ecuador, y en ella pasará el invierno. Sin posarse en ningún momento. Como un satélite más de este planeta.

Sobre el castillo

Ahora sube y sube en el cielo, dibujando una espiral casi en vertical sobre la torre del castillo, construida hace tanto sobre una cumbre de piedra hoy llamada cerro de la Culebra. Por el aéreo camino hasta aquí se ha cruzado con muchos otros vencejos comunes como él, tanto adultos como jóvenes. También con gran cantidad de vencejos reales, que crían en la gran pared de la presa próxima, y con vencejos pálidos.

Desde la altura que va ganando, sus ojos, tan oscuros como su plumaje, contemplan el territorio que lo ha acogido desde que llegó avanzada ya la primavera.

El embalse que retiene las aguas del río Matachel. La urdimbre de casas blancas y tejados naranjas del pueblo. Las carreteras que llegan hasta ella. Los campos de olivares que la rodean. Algún terreno cubierto de paneles de energía fotovoltaica...

Electrones alados

Detecta también a lo lejos, en la atmósfera, caliente y seca, el revuelo de varios de los suyos y de las otras especies de vencejo en torno a lo que sin duda debe de ser un gran grumo de plancton aéreo. Allá vuela con premura, convertido ahora en un vertiginoso meteoro.

Unos segundos después forma ya parte de un espectáculo en el que, de tantos voladores como se han reunido, resulta difícil seguir el trazado que dibujan en el aire cada uno de ellos. Parecen un exceso de electrones en torno a un núcleo formado no por protones y neutrones, sino por miles de insectos alados. Esta vez se alimenta solo para sí: han quedado del todo atrás las semanas en que llenaba su buche para acudir veloz a alimentar a sus pollos. Sus alas vibran y planean mientras realiza una finta tras otra.

Metamorfosis

Sí, con ese último salto desde su hueco en la iglesia de hace un rato ha acometido algo parecido a una metamorfosis. Ha dejado de ser un ave terrestre y aérea para ser solo aérea. Durante los próximos nueve meses verá este mundo desde una perspectiva únicamente vertical.

Será como vivir sobre un mapa de escala 1:1. O casi: con frecuencia ese mapa será leído desde varios cientos de metros de perspectiva, en ocasiones a cerca de 2.500 m de altura. Entonces esa escala cartográfica será menor. Y la panorámica, mucho más amplia.

Se dibujarán en ella primero el sur de Andalucía, su litoral y las aguas marinas próximas al estrecho de Gibraltar. Después las costas pálidas del norte de África, el desierto y la transición a las sabanas del Sahel y, de estas, a las selvas del centro de ese continente, que seguirá recorriendo rumbo a donde lo baña el océano Índico: las extensiones inmediatas a las costas de Tanzania y Mozambique.

Ahíto de insectos, regresa ahora con otro vuelo veloz frente a la iglesia, pasa de nuevo sobre el castillo, desciende sobre el damero de tejas y sobrevuela la orilla norte del embalse. Es como si trazara una larga despedida hasta el año que viene.

Alange y su entorno

Al sur de Mérida, el pueblo de Alange y sus alrededores son célebres sobre todo por la diversidad de vencejos que acogen cada primavera y verano. Es posible observar aquí en esas fechas, y en gran número, vencejos comunes, pálidos y reales. El cafre, también presente, es mucho menos numeroso. Ya en plan repóquer, en algunas ocasiones se ha detectado además vencejo moro.

El paseo hasta el cerro de la Culebra, donde se alzan las ruinas del castillo, es ideal para intentar ver águila perdicera, búho real, roquero solitario o collalba negra, entre otras especies. Además, en la sierra de Peñas Blancas y la sierra de Utrera cría buitre leonado, águila real y alimoche, y en las islas del embalse, pagaza piconegra, charrancito común, cormorán grande, canastera común o somormujo lavanco. En cuanto a la campiña circundante, aparecen en ella aguilucho cenizo, cernícalo primilla, ortega, alcaraván, calandria, alzacola rojizo, mochuelo europeo, collalba rubia o alcaudón real. ¡Entre muchas otras especies!

Cada el mes de mayo se celebra en Alange el Festival de los Vencejos. Incluye charlas, actividades y rutas ornitológicas guiadas. Es una magnífica oportunidad para conocer mejor este destino pajarero único.

Castillo de Alange

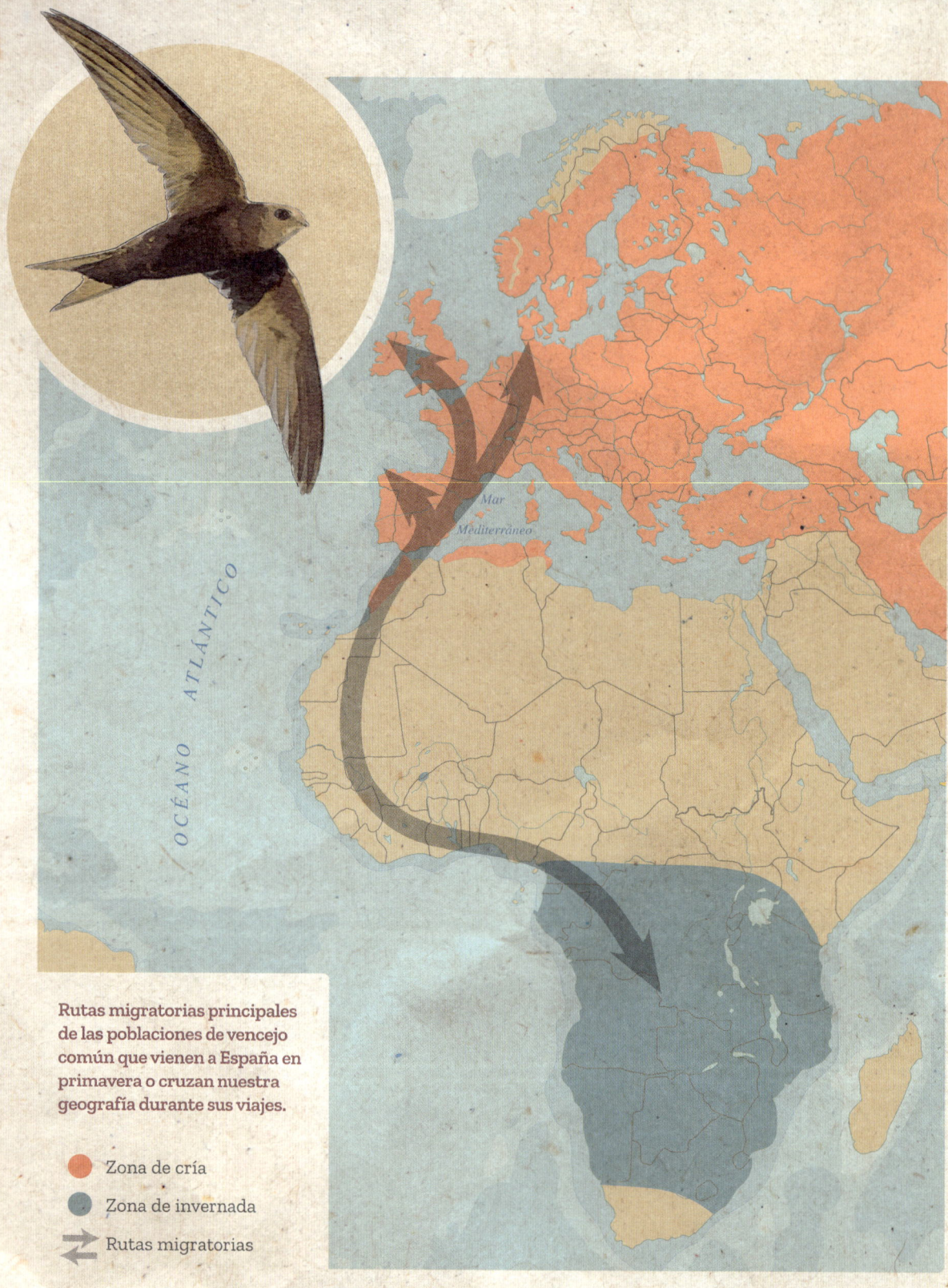

OCÉANO ATLÁNTICO

Mar Mediterráneo

Rutas migratorias principales de las poblaciones de vencejo común que vienen a España en primavera o cruzan nuestra geografía durante sus viajes.

- Zona de cría
- Zona de invernada
- Rutas migratorias

Los viajes de los vencejos comunes

Entre abril y agosto, su gente vive junto a la nuestra en todas las ciudades de este país. Crían en nuestros edificios. Vuelan sobre nuestras azoteas. Sus vociferantes pandillas aladas son en esos meses parte de todo paisaje urbano. Hasta que a partir de agosto comienzan a partir de vuelta hacia el sur. Su creciente ausencia suena entonces como un aviso: ¡el fin del verano está próximo!

Se van hacia África. Pero no exactamente: es más correcto decir que su destino son los cielos de África. Y es que, hasta que regresan en primavera, no se posan: permanecen todo ese tiempo volando, tanto en sus viajes de ida y de vuelta, en etapas de hasta 800 km con paradas para comer, como mientras pasan el invierno allá. Incluso duermen mientras vuelan, aupados en corrientes térmicas y aprovechando su capacidad de pausar un solo hemisferio del cerebro a la vez. .

Muchos de los vencejos españoles marcados con geolocalizadores en España por parte de SEO/BirdLife se dirigieron a una primera zona de invernada entre Camerún y la República Democrática del Congo, para desplazarse luego a una segunda, próxima a las costas de Tanzania, Kenia y Mozambique, en un recorrido total solo de ida de más de 9.000 km. En algún momento de ese viaje pueden llegar a coincidir con otros vencejos comunes procedentes de mucho más lejos: de Pekín, por ejemplo, tras atravesar Asia y la península arábiga. Estos, tras un vuelo de más de 13.000 km, invernan sobre todo en el extremo sur de África. Por nuestro país pasan por otro lado en sus migraciones vencejos que crían en todo el occidente europeo, desde las islas británicas hasta Escandinavia.

VENCEJO COMÚN
Vencejos en el acueducto

Con las primeras luces del día, un griterío de vencejos sobrevuela un extraño risco. Muy largo, lleno de repisas y horadado por grandes arcos, que los vencejos atraviesan limpiamente, una y otra vez, como quien enhebra el hilo por el ojo de una aguja. No hay ninguna razón práctica para sus vuelos acrobáticos, por lo que no cabe otra que pensar que están divirtiéndose. Por encima del risco corre un cauce, hace tiempo seco. Y abajo, treinta metros al pie de la peña, unos extraños seres miran hacia arriba, como embobados. A lo lejos se escucha un ruido metálico, repetitivo, con una cadencia que nada tiene que ver con la vida aérea de estas aves. En realidad, eso que para un vencejo no es más que un risco es un acueducto romano, que hace ya mucho que dejó de cumplir su función de encauzar el agua; los seres que miran se llaman «turistas», o incluso «pajareros». El sonido metálico es el tañido de la campana de una catedral. Amanece en Segovia.

CHARRÁN ÁRTICO

Agosto

COSTA OCCIDENTAL DE ASTURIAS

RUMBO A LAS ANTÍPODAS

La borrasca que hace tres días atravesó en pleno agosto el golfo de Vizcaya ha dejado tras de sí un mar de fondo inquieto, pero ya cada vez más suave. Llegó soplando con fuerza desde el noroeste, arrastrada por vientos atlánticos que arrancaban de mucho más allá del sur de Groenlandia. Lo hizo ocupando toda la ancha boca del golfo, de Irlanda a Galicia, para alcanzar luego el litoral francés.

Las aves marinas que en ese momento se desplazaban hacia el sur por diferentes zonas del océano se vieron arrastradas hacia el Cantábrico, de donde la gran mayoría fueron saliendo hacia el oeste en las siguientes horas. Pasaron así frente a cabos como los de Peñas, Burela o Estaca de Bares, para retomar luego su ruta hacia latitudes más cálidas. Algunas todavía están abandonando hoy ese mar al norte de la península. Entre ellas está una pequeña bandada de charranes árticos, que ahora se aproxima a un bonitero que regresa al puerto de Avilés.

Delfines en el camino

Lo dejan atrás sin detenerse a curiosear en él. Con el paso de esa borrasca, y la calma que ha venido a continuación, son unos cuantos los barcos que han regresado al mar. Los charranes vuelan así entre arrastreros, yates de vela o mercantes de mediano tamaño.

Avanzan en paralelo a la costa, pero a varias millas de esta. El perfil de Asturias, bajo un sol que ya ha pasado del mediodía, se desdibuja muy distante en una bruma lívida. Advierten entonces ante sí, también lejana, la presencia de una concentración de aves sobre una zona de superficie repleta de chapoteos.

Son delfines comunes. Decenas de ellos. Han dado con un buen cardumen. Las aves que vuelan sobre la manada, picoteando o zambulléndose entre sus saltos, se revelan como gaviotas sombrías y patiamarillas, alcatraces atlánticos, pardelas cenicientas atlánticas, pardelas pichonetas...

Integrados poco después en el ruidoso averío, los charranes árticos valoran sus opciones de capturar algún pececillo de los que escapan hacia la superficie. Pero no lo ven claro. Cuando aparece un págalo parásito, un ave especializada en robar la comida, tanto ellos como las gaviotas toman altura y se dispersan. El págalo persigue entonces a una de las patiamarillas, que lleva un pescado plateado en el pico. Los charranes no esperan a saber si termina por arrebatárselo, pues deciden continuar su viaje.

La ría de Ribadeo o del Eo

La bocana de esta ría coincide con la Zona de Espacial Protección para las Aves (ZEPA) denominada «Corredor Migratorio Galaico-Cantábrico Occidental». Pero es que también la propia ría es otra ZEPA. Y es que sus poblaciones de aves acuáticas son de gran interés a nivel europeo. Destacan entre ellas la presencia durante muchos meses de águila pescadora, así como sus concentraciones invernales de anátidas, entre ellas silbón europeo, ánades silbón, azulón y rabudo o cerceta común.

En la orilla de Asturias, junto a Castropol, la ensenada de A Lieira cuenta con un observatorio desde donde detectar, además de los patos mencionados, espátula común, garza real, garceta común y varias especies de limícolas: ostrero euroasiático, chorlito gris, chorlitejo grande, zarapitos real y trinador, archibebe claro, correlimos común... El propio puerto de Castropol es un lugar ideal para buscar colimbo grande.

En la orilla de Galicia los observatorios de Reme y de Muro de Lamas son buenos para, aunque de lejos, detectar por ejemplo águila pescadora. Fuera de la ría, los campos al oeste del puerto de Rinlo son otro lugar que merece la pena visitar.

Una agenda épica

Si las etapas de ese viaje estuvieran escritas en una agenda repleta de fechas y destinos, leeríamos en sus páginas que, tras partir ya en julio del pequeño archipiélago de Landöskärgården, en el sur de Suecia, y pasar primero sobre el mar del Norte para cruzar el centro de Escocia después, pusieron rumbo a una amplia zona de mar muy al norte de las Azores. Denominada Área Marina Protegida NACES (acrónimo inglés de «Corriente del Atlántico Norte y la Montaña Submarina Evlanov»), está protegida a nivel internacional, pues es donde muchas aves oceánicas encuentran abundante alimento hasta comienzos de este mes de agosto. Fue al iniciar luego su vuelo hacia el sur cuando esos fuertes vientos del noroeste los desviaron hacia el Cantábrico.

Según esa agenda suya, a mediados de este mes ya habrán alcanzado las costas africanas, y en septiembre doblarán el cabo de las Agujas para internarse en el océano Índico. Entre octubre y noviembre avanzarán, pasando cerca de la isla de Ámsterdam, hasta el sur de Australia y de Nueva Zelanda, para alcanzar en diciembre el océano Austral en el suroeste del Pacífico y, quizás, el mismísimo mar de Ross, frente a la Antártida. En esa zona cambiarán de rumbo para comenzar a volar hacia el este en paralelo al continente helado. En febrero y marzo estarán en el mar de Wedell, todavía en aguas antárticas, pero ya al sureste de la Patagonia. Será entonces cuando volarán ya de regreso al norte, para estar de vuelta en su archipiélago sueco a finales de abril.

Por el momento...

Por el momento aún están aquí en el Cantábrico. Pasan ahora ante la bocana de la ría de Ribadeo o del Eo, donde se entretienen, esta vez sí, dando cuenta de un pequeño cardumen de pececillos. Con animados trinos, se zambullen, los capturan y los devoran. Luego continúan, sin entrar en el estuario, rumbo a las antípodas.

CHARRÁN ÁRTICO
Cerca del círculo polar

Un griterío en el aire. Varios charranes árticos sobrevuelan un espigón en la costa islandesa. Sus chirridos agudos, espaciados, se aceleran y entrelazan hasta formar un cacareo, una señal de pelea por un quítame allá esas vísceras de pescado. Alrededor, en la mañana tranquila de un puerto abierto al océano Ártico, tintinean las jarcias en los mástiles de los barcos, canguea una bandada de ánsares comunes y silba un chorlitejo grande. Los charranes árticos vuelan en busca del buen tiempo; en unas semanas, cuando los temporales de otoño sacudan estas costas o las aguas congeladas enmudezcan en la ensenada del puerto, los charranes se habrán ido muy lejos, con sus gritos a otro hemisferio.

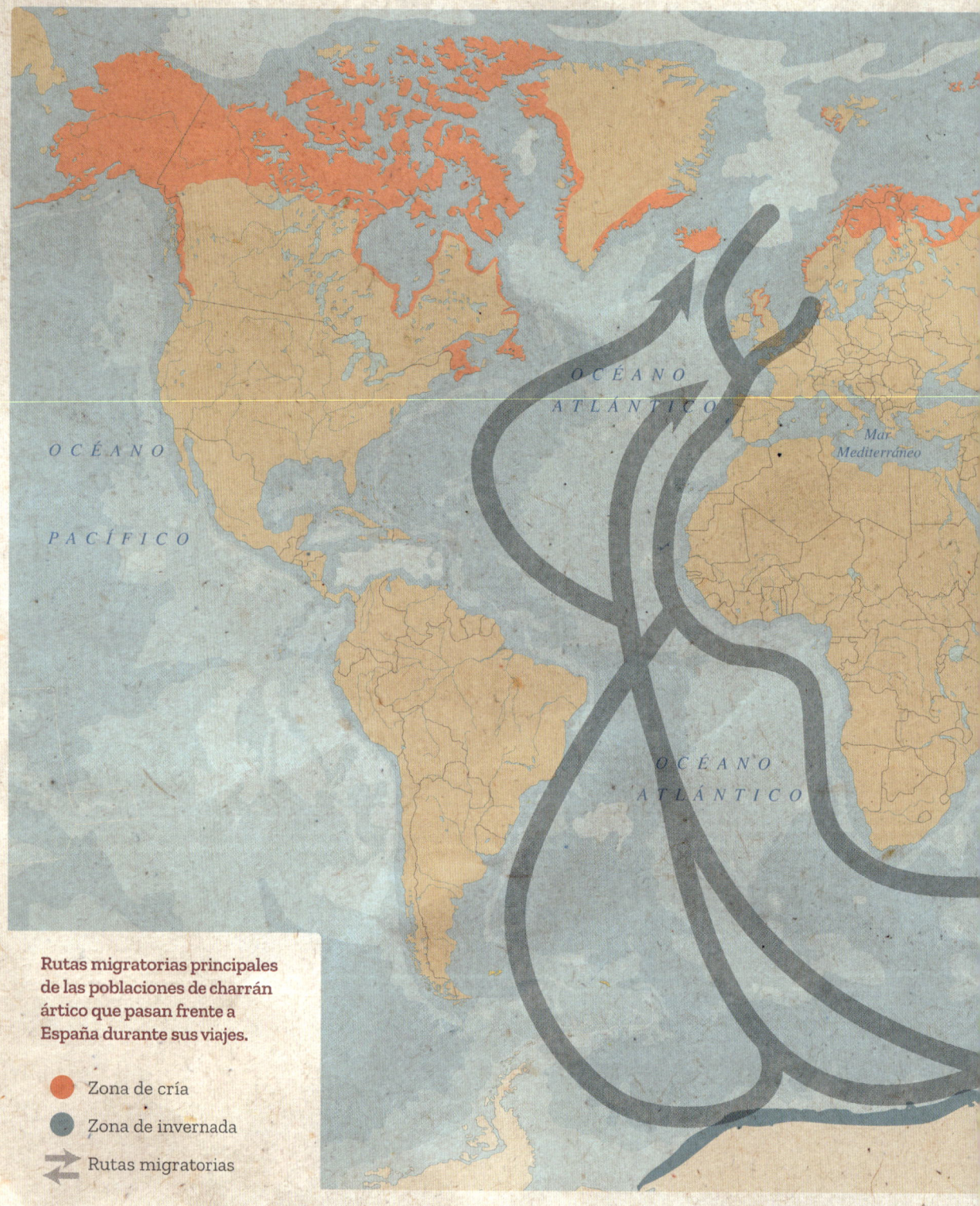

Rutas migratorias principales de las poblaciones de charrán ártico que pasan frente a España durante sus viajes.

● Zona de cría
● Zona de invernada
⇄ Rutas migratorias

OCÉANO
ÍNDICO

Los viajes de los charranes árticos

Los charranes árticos realizan la migración más extensa conocida. Se ha estimado que algunos de ellos llegan a recorrer más de 80.000 km desde que salen hasta que regresan a sus áreas de cría, ampliamente distribuidas por todo el extremo norte de Europa, Asia y América. Sus viajes, a través del Pacífico, el Atlántico o el Índico, les llevan al entorno de la Antártida.

Así es como las poblaciones que crían al norte del círculo polar ártico disfrutan, al acudir a zonas muy próximas al círculo polar antártico, de más horas de luz diurna que cualquier otra especie: experimentan el sol de medianoche en ambos hemisferios. Los ejemplares más longevos, con en torno a treinta años de edad, pueden recorrer a lo largo de su vida una distancia equivalente a tres viajes de ida y vuelta a la luna.

Sus desplazamientos ante la península, en agosto y septiembre, incluyen ejemplares con orígenes en todo el norte del Atlántico. Suelen tener lugar lejos de la costa, salvo cuando los vientos que llegan desde el Atlántico arrastran a sus bandadas hacia ella. Entonces es posible observarlos pasar desde los principales cabos de Asturias y Galicia, por ejemplo Muniello o Estaca de Bares, a menudo mezclados con los muy parecidos charranes comunes. Aunque en esas ocasiones es posible ver también algún ejemplar dentro de un puerto, la mejor manera de encontrarlos, si hay oportunidad, es navegar varias millas mar adentro.

Los charranes árticos migran tanto de día como de noche. De hecho, numerosas grabaciones nocturnas del flujo de aves a partir de sus reclamos de contacto detectan cada otoño su paso sobre tierra en el noroeste.

CARRACA EUROPEA

Agosto

LAGUNA DE LA JANDA, ANDALUCÍA

AZUL ULTRAMAR

La impresionante colección de la Albertina de Viena, la mayor colección de grabados y dibujos de antiguos maestros que existe en el mundo, incluye una acuarela sobre pergamino con la que el alemán Alberto Durero representó el ala seccionada de una carraca europea.

En esa obra, de apenas 20 cm de alto y ancho, está pensando en este instante un pajarero alemán de paseo con un grupo de compatriotas por las ruinas de la antigua laguna de La Janda, en el sur de la provincia de Cádiz.

Mientras su guía de turismo ornitológico de la empresa local Birding The Strait les cuenta detalles sobre el estatus de esa especie en España, y sus compañeros contemplan un ejemplar a través de sus telescopios, él recuerda una muy lejana visita familiar a aquel museo. Fue en compañía de sus hijos, cuando todavía eran tan jóvenes como para dejarse llevar en busca de pedagógicos estímulos culturales y naturales. Su objetivo aquel día había sido ponerles ante las obras más célebres de Durero: *La liebre, La mata de hierba*... Pero ellos se quedaron fascinados con el ala de carraca. Se pasaron el resto del día preguntando por qué Durero la había cortado, ignorando por completo el resto de maravillas que durante más de dos horas tuvieron ante sí, firmadas entre otros por Leonardo da Vinci, Miguel Ángel, Rafael, Rubens, Rembrandt...

Cómo pasa el tiempo, se dice. Recuerda, de manera inevitable, ese celebérrimo grabado de Durero titulado *Melancolía*. Aquellos niños volaron demasiado pronto. Esta última década le han hecho varias veces abuelo. Mientras traza un plan fugaz para regresar a la Albertina con sus nietos, decide concentrarse en lo que lo ha llevado hasta ese lugar: observar aves.

A punto de partir

La carraca observa al grupo de pajareros desde su propio punto de vista, en una rama alta y despejada de un alcornoque. Escucha su palabrería distante. Al guía dando explicaciones. A los guiados haciéndole preguntas y conversando entre ellos. Como harta de tanta atención, vuela hacia otro posadero.

Llegó a este lugar hace un par de días, desde no muy lejos: la campiña entre Sevilla y Estepa, donde ha criado a sus pollos durante la primavera y el verano. Su intención era cruzar a África cuando una efímera tormenta la decidió a buscar refugio. Mientras aguarda que caiga la noche para intentar retomar su viaje, ha ido capturando unos cuantos escarabajos y saltamontes. Está saciada y satisfecha. Comienza a acicalarse. Los brillos multicolores de sus plumas resplandecen al sol.

El memorioso

Otros compañeros, mayores como él, comparten sus recuerdos de cuando esta especie todavía criaba en algunos rincones de su país. «La última pareja que se conoce crio en el 94 en Baden-Württemberg», sentencia uno de ellos, que siempre está haciendo gala de buena memoria.

También él, ya que están, se anima a comentar algo: «¿Sabíais que Alberto Durero pintó sobre un pergamino el ala de una carraca, y sobre otro, una carraca muerta?». Los demás lo escuchan con cierta reverencia. Durero es un emblema nacional.

«¡Sí, claro!», responde el que lo sabe siempre todo.

«¿Criarían las carracas en Baviera en aquellos tiempos —sigue él— o quizá se las encontró en sus viajes por Italia...? ¿O se las traería un familiar de su padre? Porque ya sabéis que la familia de Durero no era alemana...»

El sabiondo calla.

«Era del este de Hungría, cerca de la frontera con Rumanía —continúa él. Y se apresura a añadir, antes que el otro—: Allí en Hungría todavía crían unas cuantas.»

El guía aprovecha, añade unos cuantos detalles acerca de la grave situación de la especie a nivel continental y les invita a continuar su recorrido.

Melancolía

Él duda si comentar que Durero, para los intensos azules de sus dos creaciones dedicadas a la carraca, se sirvió de azul ultramar, el pigmento extraído del lapislázuli con el que se crearon tantas obras maestras medievales y renacentistas. Pero se ha quedado pensando en el término «ultramar», pues ese será el destino de la carraca que acaban de ver cuando cruce el Estrecho: otro continente. Se vuelve hacia ella.

Melancolía: la carraca vuela de nuevo, un destello azul sobre las ruinas de la antigua laguna de La Janda.

La laguna de La Janda

Desecada en los años sesenta del siglo pasado tras ser entregada como concesión agrícola privada, la desaparición de esta laguna fue uno de los peores errores ecológicos de este país. Es por eso por lo que una intensa acción ciudadana, impulsada sobre todo por la asociación Amigos de La Janda, reclama su recuperación. En 2024 el Ministerio para la Transición Ecológica y el Reto Demográfico reconoció la existencia de 6.000 hectáreas de dominio público en este humedal y se comprometió a iniciar un proceso de diálogo con los actuales usuarios de la laguna.

A medio camino entre Tarifa y Vejer de la Frontera, se pueden ver aquí a lo largo del año rapaces como elanio azul, águila imperial ibérica, águila perdicera... En primavera aparecen, entre otras, canastera común o avetorillo, y en invierno, grullas. Es además fácil descubrir en sus charcas y canales calamón común, garzas de diferentes especies... Y muchas otras aves, incluidos numerosos paseriformes.

Se accede a La Janda pasado Tahivilla en dirección a Vejer, tomando una pista que luego discurre, en su mayor parte, paralela a un canal.

Vista de La Janda desde Vejer

OCÉANO ATLÁNTICO

Mar Mediterráneo

Rutas migratorias principales de las poblaciones de carraca europea que vienen a España en primavera.

- Zona de cría
- Zona de invernada
- Rutas migratorias

Los viajes de las carracas europeas

No ha terminado agosto cuando las carracas europeas comienzan a moverse hacia el sur. Así como las del sur de Francia sobrevuelan el Mediterráneo hacia Argelia, las ibéricas optan tanto por hacer lo mismo como por dirigirse hacia Andalucía para cruzar a África. Continúan luego, en etapas nocturnas de varios cientos de kilómetros, sobre la costa occidental norteafricana, el Sahara y las selvas ecuatoriales, con paradas en el entorno del lago Chad. De noviembre a marzo permanecen en una amplia región que incluye Angola, Namibia y Botsuana. Su regreso recorre una ruta similar. A comienzos de mayo, o incluso antes, ya están de vuelta.

La carraca europea es una de las aves más amenazadas de nuestro país: el *Libro Rojo de las Aves de España* de SEO/BirdLife la cataloga como «en peligro» tras constatar una disminución de su población de entre el 50 y el 80%. También está en regresión en el resto de Europa, donde a la pérdida de sus áreas de cría más septentrionales a lo largo del siglo XX se suma en las últimas décadas el declive en diversas zonas del sur, compensados solo en parte con aumentos en áreas como el noreste ibérico, el sur de Francia o el norte de Italia. A nivel continental, el *Atlas de las aves reproductoras de Europa* del European Bird Census Council estima una mengua de en torno al 20%.

Las causas de su declive en España son entre otras, según el propio *Libro Rojo*, la reducción de barbechos, el abandono del cultivo de cereal de secano, el incremento e intensificación de las superficie de regadío y del uso de pesticidas, la muerte por atropellos o la caza de que es objeto en sus viajes migratorios.

CARRACA EUROPEA
Raca, raca, la carraca

Una secuencia sonora hecha a base de jotas y erres, emitidas a través de una garganta reseca, ronca como la de un córvido. Unas veces formada por gritos aislados. Otras, como una serie de notas encadenadas y rítmicas, como salidas del instrumento de madera al que le deben el nombre. Así es el cortejo áspero de las carracas, una pareja posada en los aleros de un edificio abandonado, un antiguo transformador eléctrico en medio de un campo de cereal. Aquellas edificaciones que servían de soporte a tantas aves de las campiñas —sobre todo las lechuzas y los cernícalos— hoy han sido sustituidas por resbaladizos paneles solares. Alrededor estridula un coro de grillos y saltamontes, pían los gorriones morunos. Pero encaramadas en su oteadero, las aves siguen con su canto: raca, raca, la carraca.

PETREL DE BULWER

Septiembre

ISLA DE LANZAROTE, CANARIAS

MAR ADENTRO

A la luz pálida de la luna, las sombras sólidas de los islotes de Montaña Clara, Alegranza y La Graciosa emergen del mar como gigantescos meteoritos semihundidos.

La de Alegranza está acompañada por su pequeño satélite: el roque del Oeste. La de La Graciosa se confunde con la del abrupto extremo norte de Lanzarote.

Desde la distancia regada de estrellas, ese paisaje bien podría ser el de un planeta ficticio y desolado, de cuyo sereno mar de amoniaco líquido asomasen esos islotes de titanio. Un planeta vacío...

¿Vacío? ¡Un momento! Volando muy bajo sobre las olas, bajo la palidez de esa luna tan parecida a la terrestre, se aleja de esas sombras inmensas un pequeño caza intergaláctico. Es tan oscuro como el cobre oxidado, y tiene alas largas y afiladas. Su trayectoria es furtiva y sinuosa, como para evitar ser localizado por alguna siniestra fuerza imperial.

Fin de temporada

La silueta que se aleja del archipiélago Chinijo, nombre conjunto de esos islotes del norte de Lanzarote, es un petrel de Bulwer. Aunque bien podría afirmarse que va rumbo a un mundo extraterrestre: durante los próximos meses no tocará tierra en ningún momento, y únicamente llegará a verla de lejos algún día.

Es una hembra, y acaba de despedirse hasta el año que viene de su colonia en Montaña Clara.

Allí, a comienzos de junio, y en una cavidad secreta entre la roca volcánica, trajo al mundo un

huevo de cuya incubación se encargaron tanto ella como su pareja, alternando turnos de hasta quince días. Durante esas dos semanas de ausencia realizó alguna singladura de más de 2.000 km, hasta aguas próximas a las islas Azores.

Cuando mes y medio después de la puesta el pollo salió de su cascarón, esos viajes ya no pudieron ser tan dilatados, y, salvo alguna excepción, consistieron sobre todo en visitas a las aguas inmediatas al borde de la plataforma continental de Marruecos y el Sahara Occidental con objeto de hacer allí suficiente acopio de los mejores alimentos para su cría: pequeños peces, cefalópodos y crustáceos que de noche realizan desplazamientos verticales para acercarse a la superficie.

El pichón los consumía luego convertidos en una muy nutritiva papilla regurgitada.

Estos últimos días, a caballo entre finales de agosto y comienzos de septiembre, el peso del joven Bulwer ha sobrepasado con mucho el de sus progenitores. Ha sido entonces cuando ambos han comprendido que su parte del trabajo está terminada.

Llegado así el fin de la temporada de cría, esta misma noche ella ha decidido volar hacia el Atlántico sur.

En la inmensidad oceánica

A base de largos vuelos sobre todo nocturnos, y con varias paradas por el camino para alimentarse también de noche, llegará a una latitud atlántica casi exactamente inversa a la que ahora mismo comienza a abandonar: los 30° S. Es decir, siete grados al sur del trópico de Capricornio. Pasará el invierno rondando por una amplia zona entre las costas de Sudáfrica y el sur de Brasil.

Dejar las constelaciones de islas del Atlántico norte suroriental para dirigirse a la nada oceánica del Atlántico sur será como cambiar de galaxia... Aunque lo de «nada» no es exacto. Por un lado, está el propio océano. Por otro, la isla de Santa Helena, donde vivió sus últimos días Napoleón Bonaparte, emperador de una de las flotas imperiales de su tiempo.

Si además, por algún motivo, llega a desplazarse un poco más al sur, acaso tenga a la vista las islas de Tristán de Acuña y Ascensión, en esas fechas hogar de varios millones de pardelas capirotadas, así como de miles de pingüinos saltarrocas meridionales, albatros ojerosos y albatros picofinos atlánticos, además de albatros sombríos, pardelas gorgiblancas... Y un largo etcétera de aves marinas. En fin, todo un planeta repleto de emplumadas naves que a diario entran y salen de su sinfín de colonias... Y el lugar habitado por humanos más remoto (más alejado de cualquier otro lugar poblado) de la Tierra.

No se acercará a visitarlo. Hasta abril solo irá y vendrá muy mar adentro. Estará de regreso en Montaña Clara a comienzos de mayo. Para entonces, resonará ya cada noche en diversos rincones del archipiélago Chinijo la algarabía de las pardelas cenicientas atlánticas y los reclamos de pardelas chicas macaronésicas, paíños europeos, paíños pechialbos, algún paíño de Madeira... También, por supuesto, los suaves ladridos de los Bulwer. Todas ellas, voces como de otro mundo.

La isla de Lanzarote

Además de albergar el Parque Nacional de Timanfaya, Lanzarote es Reserva de la Biosfera y cuenta con varias Zonas de Especial Protección para las Aves (ZEPA). Y es que esta isla y su inmediato archipiélago Chinijo constituyen una de las grandes joyas de la biodiversidad macaronésica.

Algunos lugares estupendos para pajarear en Lanzarote, aparte de Timanfaya, son por ejemplo las salinas de Janubio, los llanos del jable de Famara o las planicies de Los Ancones. De un recorrido por todos ellos es fácil regresar con una lista de aves que incluya hubara canaria, camachuelo trompetero, halcón tagarote, bisbita caminero, guirre canario, corredor sahariano, perdiz moruna, terrera marismeña...

En cuanto al Parque Natural del Archipiélago Chinijo, la única isla visitable es La Graciosa, tras un breve recorrido en barco, si bien estos últimos años la presión turística, como denuncian entidades como WWF/ADENA, comienza a suponer un serio problema.

Dispersión de las poblaciones
españolas de petrel de
Bulwer tras la temporada
de cría:

Zona de cría
Zona de invernada

Los viajes de los petreles de Bulwer

En la primavera de 1825, el reverendo escocés James Bulwer recolectó en la isla de Madeira un ejemplar de un petrel hasta entonces desconocido. Los dos naturalistas que tres años después lo describieron para la ciencia decidieron ponerle su nombre: petrel de Bulwer. Hoy sabemos que esta especie se distribuye tanto por el Atlántico central como por el Índico, Oceanía y el Pacífico central.

Sus únicas colonias europeas están en las islas Azores, Madeira, Desertas y Canarias. Aparte de en esos archipiélagos, en todo el Atlántico solo se conocen además colonias en Cabo Verde.

La población española, estimada en torno a las 1.100 parejas, está catalogada en el *Libro Rojo de las Aves de España* de SEO/BirdLife como «en peligro crítico» como consecuencia de un declive próximo al 40% en tres décadas en las colonias mejor estudiadas. Entre los graves problemas que sufren los Bulwer de Canarias están la depredación en sus nidos por parte de ratas, gatos, hurones e incluso la invasora culebra real de California, la contaminación lumínica, que despista fatalmente a los jóvenes en su primer vuelo hacia el mar, la mortalidad por impacto contra tendidos eléctricos y aerogeneradores... Y varios más.

Entre finales de agosto y comienzos de septiembre, los adultos abandonan las colonias y se desplazan muy mar adentro hacia el Atlántico central o sur, llegando en torno a los 30° S de latitud. Allí permanecen hasta que a partir de abril comienzan a regresar hacia el norte. Durante la cría, además, realizan largos viajes de alimentación hasta cerca de las Azores o el borde de la plataforma continental de Marruecos y Sahara Occidental.

PETREL DE BULWER
Entre isla y océano

Isla de La Graciosa, en el archipiélago Chinijo. De una de las madrigueras de la ladera del volcán emergen los gruñidos de uno de los escasísimos petreles de Bulwer que crían aquí. Algunas descripciones los comparan con las explosiones ahogadas de una máquina de vapor que no acaba de arrancar; otras, con el croar de un raro anfibio. Es uno de los sonidos más escasos de nuestra fauna, ya que su autor nidifica en muy pequeño número en estas islas remotas del archipiélago canario. Como todas las de su grupo, las procelariformes, las aves de las tormentas, pasa la vida en alta mar y solo viene a tierra para criar; sustituye los horizontes abiertos por la oscuridad de una madriguera. Por encima de la escena sobrevuelan algunas pardelas cenicientas atlánticas. Y si las pardelas parece que lloran, los petreles de Bulwer parece que se quejan.

PAPAMOSCAS CERROJILLO

Septiembre

PARQUE ECOLÓGICO DE PLAIAUNDI, PAÍS VASCO

CRUCE DE CAMINOS

Solo le faltan las maletas. O más bien, teniendo en cuenta su condición de trotamundos, su mochila.

Lo que sí lleva puesta es su indumentaria de viaje. Dejó el traje de verano en su lugar de origen. Aquel otro era mucho más elegante. Casi parecía de fiesta, en plan pasar los meses de buen tiempo de convite en convite, luciendo siempre un esmoquin lustroso y una camisa de un blanco radiante; pero sin pajarita, como para sugerir esa informalidad distinguida que identifica a los más incorregibles *bon vivants*.

Esta otra vestimenta de hoy, que será la misma que luzca los próximos meses, es muy diferente: tipo safari, con tonos pardos y discretos. Y es que va camino de África. Allí tiene sus ambientes de invierno, y se encontrará además con muchos otros de su misma condición, como para celebrar un magnífico cóctel que solo terminará cuando les toque volver.

No ha venido en tren, y eso que a un paso de donde parece contemplar el paisaje con aire entre afectado y divertido se concentran nada menos que dos grandes estaciones: la de Irún y la de Hendaya. Tampoco en un yate de los que se mecen en el puerto de Hondarribia, a similar distancia. Ni en uno de los aviones que de vez en cuando aterrizan en el aeropuerto de Donostia, frente a esta orilla de la desembocadura del río Bidasoa, denominada bahía de Txingudi, en la que ha decidido detenerse a descansar.

Sí: a descansar. Es que viene de cruzar volando toda Europa.

Salas de espera

A su alrededor otros pasajeros del aire van y vienen muy atareados, muchos de ellos comiendo con cierta prisa, como tantos humanos en las salas de espera repletas de restaurantes de los grandes aeropuertos y estaciones de tren.

Cerca de él, por ejemplo, se ponen moradas de insectos currucas zarceras y mosquiteras, mosquiteros musicales, papamoscas grises, tarabillas norteñas, carricerines comunes, colirrojos reales... Una nubosidad baja y gris y la brisa fuerte del sur los han detenido esta madrugada justo en este Parque Ecológico de Plaiaundi, repleto de buenos alimentos y situado en el mismo centro de este cruce de caminos inmediato a la frontera con Francia.

Él es, por cierto, un papamoscas cerrojillo. De repente, como convertido en una hoja otoñal decidida a retar la ley de la gravedad, se desprende del borde de la fronda del sauce en el que permanecía posado y se eleva varios metros con un vuelo decidido. Captura entonces un pequeño invertebrado de alas membranosas y regresa satisfecho a su mesa: una rama flexible que la brisa balancea como al ritmo de un vals vienés.

Susto repentino

Pero al poco de posarse el grito de alarma de un mirlo y un revuelo próximo le ponen en alerta. Mira a su alrededor antes de tomar una decisión que podría ser fatal. Por fortuna, el rabillo del ojo derecho le revela por entre la espesura el vuelo sinuoso y veloz de un gavilán que viene directo hacia él. ¿Lo habrá visto cazar en el aire ese insecto que todavía desciende hacia su estómago?

Con un salto ágil, el cerrojillo se desprende de nuevo de su rama y vuela a buscar refugio. No es la primera vez que elude a uno de estos. El gavilán pasa de largo, tan vertiginoso y temible como un zarpazo. Solo unos segundos después, regresa por donde ha venido con un mosquitero musical en las garras. También él está de paso. Y rumbo a África. Lo que ha venido a coger en este *self-service* de Plaiaundi no son insectos, sino pequeños pájaros como el que acaba de capturar.

Un usurpador

Desde su escondite, el papamoscas cerrojillo se toma un tiempo antes de regresar a su mesa en su terraza con vistas. Cuando lo hace, se encuentra con que está ocupada por otro cerrojillo como él. Ya se sabe. «El que se fue a Sevilla»... Sí, vale que igual en los próximos días pase cerca de la ciudad andaluza, pero todavía no es el caso.

Lejos de perder la compostura y provocar un grosero altercado público, lo que hace es posarse en otra rama inmediata y desde allí proceder a exhibir su maestría depredadora, volando para capturar un insecto tras otro.

El usurpador no tarda en comprender que allí poco tiene que hacer ante tamaña destreza y se va a otra mesa. Él regresa entonces a la suya, pero como está saciado, se limita por un rato a contemplar desde ella, ocioso y satisfecho, el plácido transcurrir de la mañana.

El Parque Ecológico de Plaiaundi

Junto al núcleo urbano de Irún, el Parque Ecológico de Plaiaundi es parte de un humedal costero de 24 hectáreas situado en plena bahía de Txingudi. Sus senderos y observatorios se asoman tanto a tres lagunas como a una ancha extensión intermareal, todo lo cual, junto a la abundante vegetación de las orillas (tamarices, sauces, chopos, carrizos...), se combina para conformar un conjunto de hábitats ideal para muy diversas especies de aves.

En las lagunas aparecen martines pescadores, garcetas grandes o porrones moñudos y europeos, mientras que en las marismas inmediatas suelen detenerse durante sus migraciones espátulas comunes y numerosas especies de limícolas: vuelvepiedras, ostreros, archibebes comunes y claros, agujas colipintas y colinegras...

En los pasos migratorios de primavera y otoño es posible, además, disfrutar en vivo y en directo, con solo prestar atención al cielo y desde el propio parque y su entorno, del trasiego de un sinfín de aves terrestres que incluyen muchas de las mencionadas en el relato, así como zorzales, palomas torcaces, diversas especies de rapaces... El centro de interpretación del parque es lugar ideal para informarse de todo ello.

OCÉANO ATLÁNTICO

Mar Mediterráneo

Rutas migratorias principales de las poblaciones de papamoscas cerrojillo que vienen a España en primavera o atraviesan nuestra geografía durante sus viajes.

- Zona de cría
- Zona de invernada
- Migración primaveral
- Migración otoñal

Los viajes de los papamoscas cerrojillos

El litoral que se extiende entre Galicia y el País Vasco es de enorme importancia para la partida antes del verano y la llegada después de este de multitud de aves capaces de atravesar durante largas horas ese ancho mar. Entre ellas están muchos papamoscas cerrojillos, una especie forestal cuyas poblaciones europeas llevan tiempo en declive.

Desde comienzos de agosto y hasta octubre, pasan por Iberia (donde cría una subespecie exclusiva de este pájaro, también migratoria) en esas fechas ejemplares oriundos de gran parte de su área de distribución en Europa, que se extiende de aquí a muy Rusia adentro. De hecho, aunque Italia es otra zona de trasiego de la especie, un par de trabajos desarrollados por ornitólogos rusos sugieren que España sería también zona de paso de algunos de los cerrojillos que crían incluso en rincones de Siberia occidental y estiman, para estos (pertenecientes a otra subespecie más), y de ser así, un viaje de ida y vuelta cercano a los 21.000 km.

Tras cruzar el Sahara en vuelos sin escala de hasta cuarenta o sesenta horas, las áreas de invernada de todos los papamoscas cerrojillos parecen coincidir en el África occidental: desde el sur de Senegal y Gambia hasta Camerún, la República Centroafricana o Gabón. Parten de allí de vuelta al norte hacia marzo, siguiendo una ruta mucho más oriental que la de otoño.

PAPAMOSCAS CERROJILLO
La llamada del nido

Un macho de papamoscas cerrojillo revolotea y canta insistentemente desde la boca de un nido, un agujero abierto en el tronco de un pino. Es tan previsible, está tan aquerenciado, que ha sido posible colocar un micrófono en el mismo tronco para registrar su voz con todo detalle. Con su actitud no parece que esté delimitando un territorio, sino, más bien, llamando la atención sobre la ubicación de un posible hogar: alto, seguro, confortable y rodeado de una espesa parcela de bosque. La misma en la que tamborilean los picos picapinos y lanza su llamada el cuco. La exhibición tiene una destinataria. Con toda probabilidad, una hembra debe de merodear por los alrededores, recién llegada de su viaje migratorio desde el continente africano y en busca de pareja Escuchamos, pues, la ceremonia de ofrecimiento del nido, *nest-showing display*, que dicen los ornitólogos.

CERNÍCALO PRIMILLA

Septiembre

CASTELLÓ D'EMPÚRIES, CATALUÑA

DE LA BASÍLICA A LA MEZQUITA

Vista desde el cielo, la basílica de Santa María, en Castelló d'Empúries, recuerda vagamente a un gigantesco invertebrado de veintiséis patas. Estas se corresponderían con los contrafuertes de su ábside y de sus muros laterales. La existencia en sus tejados de una pequeña colonia de cernícalo primilla no se debe, por supuesto, a este parecido con algunas de las presas favoritas de estas rapaces. Pero tampoco a la casualidad.

Si ahora mismo hay uno volando frente a su extraordinaria portada de mármol del siglo XV, como despidiéndose de sus Reyes Magos y de sus doce apóstoles hasta dentro de unos meses, es gracias a una entusiasta y exitosa iniciativa destinada a recuperar esta especie en Cataluña, y más en concreto en esta comarca, de paisajes perfectos para el asentamiento de estos pequeños y amenazados halcones.

Desaparición y recuperación

Si bien los primillas desaparecieron como reproductores de Cataluña a mediados de la década de los ochenta del siglo pasado, ya en 1989 se acometió un programa de reintroducción, consistente en la suelta de ejemplares nacidos en cautividad, por parte de la Generalitat de Catalunya. A lo largo de las siguientes décadas la especie se fue recuperando de forma consistente, hasta que a comienzos de este siglo la tendencia comenzó a cambiar, en coincidencia con lo que sucedía en otras zonas de Iberia.

Fue en 2013 cuando el municipio de Castelló d'Empúries decidió implicarse en su conservación. Ese año, en el tejado del mismísimo edificio del ayuntamiento, el Palau dels Comtes, se puso en marcha un programa de *hacking*: varios polluelos fueron alimentados de manera artificial hasta que pudieron volar y valerse por sí mismos. Al llegar ese septiembre, viajaron hacia África como hacen todos los suyos. Dos años después, se instalaron allí mismo varias cajas nido... Y se establecieron en ellas, ya por su cuenta, nada menos que nueve parejas.

A los primillas les gusta criar de forma colonial. Para ello suelen elegir las azoteas y tejados de edificios antiguos, pues son estos los que acostumbran a disponer de más huecos ideales para sacar adelante a sus pollos.

Así fue como en 2015 se detectó a una pareja nidificando en la basílica de Santa María. Al repetirse el hecho en 2016, en 2017 se instalaron cajas nido en su campanario, con apoyo del Obispado de Girona. Varias parejas más fueron ocupando por su cuenta otros rincones altos del monumento, y en años posteriores algún otro edificio de la ciudad.

Sobre el Mediterráneo

Este que hace un instante iba y venía frente a la portada de la basílica ha comenzado ahora a tomar altura. Aupado en una corriente térmica, se eleva sobre el casco urbano primero y se dirige luego con rápidos batidos de alas hacia las extensiones que rodean el Parc Natural dels Aiguamolls de l'Empordà. Pero esta vez no se detiene a comer en esa campiña, sino que continúa hacia el suroeste. Su calendario genético llevaba unos días avisándole de que estos días de mediados de septiembre son las fechas de partir.

Un buen rato después, a la altura de Barcelona, deja de tener tierra bajo sí para comenzar a volar sobre el Mediterráneo a una velocidad media de 50 km/h. Va en compañía de otros como él. No volverán a cruzar el litoral hasta hacerlo primero sobre el cabo de la Nao, en Alicante, y luego sobre el cabo de Palos, junto a Cartagena. Luego, ya de noche, volarán entre el mar y las estrellas hasta alcanzar las costas de Argelia no lejos de Orán. Vendrán a continuación cerca de 2.000 km de travesía sobre el desierto.

Varios estudios han demostrado que, como media, y con solo alguna parada a lo largo de la ruta, los primillas tardan unos ocho días en llegar a sus destinos invernales, justo al sur del Sahara. ¿Cuál será el de este?

Pongamos que son los alrededores de Djenné, en Mali. La Gran Mezquita de esta ciudad, el mayor edificio sagrado del mundo levantado en barro, es casi coetánea de la basílica de Santa María: la primera fue fundada en 1240 (aunque hubo de ser reconstruida en 1906 tras quedar reducida a ruinas) y la segunda comenzó a construirse en 1261.

De esa manera, además, dispondrá de abundante alimento en los prósperos e inmediatos alrededores del delta interior del río Níger. Pero no se quedará allí todo el tiempo. A lo largo del invierno, como todos los suyos, irá y vendrá por aquellos territorios sin volar ya más al sur. Solo en torno a finales de febrero, siguiendo religiosamente su calendario, comenzarán a regresar hacia el norte.

Los alrededores de Castelló d'Empúries

El litoral de la provincia de Girona acoge dos espacios naturales extraordinarios, ambos protegidos como parque natural y situados a un breve recorrido en coche desde la ciudad de Castelló d'Empúries.

Uno de ellos es el Parc Natural del Cap de Creus. Declarado en 1998, abarca más de 13.000 hectáreas terrestres y marinas. En su paisaje, a menudo agitado por la tramontana, destacan rocas de formas caprichosas, así como cabos, bahías, islotes y cumbres de hasta 670 m. Se pueden observar aquí escribano hortelano, collalba rubia, curruca mirlona, roquero rojo y solitario, águila perdicera... La punta del cap de Creus es además estupenda para observar movimientos de aves marinas.

El otro es el Parc Natural dels Aiguamolls de l'Empordà. Protegido de la urbanización descontrolada hace medio siglo gracias al activismo ciudadano, es uno de los grandes destinos de Cataluña para observar aves: en sus marismas, lagunas, prados y zonas agrícolas se han registrado más de 330 especies diferentes, tanto acuáticas como rapaces o paseriformes. De su centro de información, El Cortalet, parten varios senderos hacia diversos observatorios y la gran charca de Mas del Matá.

Parc Natural dels Aiguamolls de l'Empordà

OCÉANO · ATLÁNTICO

Mar Mediterráneo

Rutas migratorias principales de las poblaciones de cernícalo primilla que vienen a España en primavera.

- 🔴 Zona de cría
- 🔵 Zona de invernada
- 🟣 Ejemplares presentes en invierno
- ⇄ Rutas migratorias

Los viajes de los cernícalos primillas

Es sobre todo a mediados de septiembre cuando los primillas abandonan sus colonias ibéricas para migrar hacia el sur del Sahara. La marcha hacia el sur abarca tanto toda la Península como el Mediterráneo más occidental. Lo mismo sucede con el resto de las poblaciones europeas: diversos proyectos de marcaje han revelado que, en general, la tendencia de cada población es volar hacia el sur-suroeste. Esto dibuja sobre el Mediterráneo y el Sahara un patrón de líneas casi paralelas en esa dirección, con tendencia, en el caso de las nuestras, a concentrarse en torno al Estrecho en su salto hacia África. El viaje de las aves españolas, según una monografía sobre la especie publicada por SEO/BirdLife, dura una media de ocho días e incluye vuelos diurnos y nocturnos. Suelen estar de regreso a mediados de marzo.

El primilla cría sobre todo en Castilla-La Mancha, Andalucía, Castilla y León, Extremadura y Aragón, con algunas otras poblaciones aisladas por ejemplo en Cataluña. Ave propia de paisajes abiertos y llanos con poca cobertura de matorral, elige casi siempre para instalar su hogar construcciones humanas, tanto aisladas en mitad del campo como erigidas en medio de una ciudad.

El *Libro Rojo de las Aves de España* cataloga al cernícalo primilla como «vulnerable», y estima que el declive de su población ibérica podría ser superior al 50% en las últimas dos décadas. Entre las causas que se apuntan están la destrucción de lugares adecuados para la nidificación, la transformación del hábitat y de la gestión agraria, la disminución de las poblaciones de insectos y otros invertebrados terrestres, el desarrollo energético fotovoltaico y eólico y diversas afecciones en sus áreas de invernada y paso.

CERNÍCALO PRIMILLA
La casa por el tejado

Varios cernícalos primillas sobrevuelan el campanario y las techumbres donde han instalado su colonia de cría. Fuera, al aire libre, junto con los cacareos de los cernícalos en vuelo se escuchan los chirridos lejanos de los vencejos comunes, los chasquidos de las chovas piquirrojas, el rumor del tráfico. Desde el interior de la torre, por entre los vanos abiertos para las campanas, escapan los arrullos de las palomas bravías mezclados con los gritos ásperos, destemplados, de los primillas, algunos de ellos pollos ya casi volanderos. Aquí dentro todo suena a hueco.

MOSQUITERO IBÉRICO

Septiembre

PARQUE DE SALBURUA, PAÍS VASCO

UN DIBUJO NOCTURNO

No pasa de los doce gramos. Más o menos como una pila AAA. Vuela ahora mismo hacia el sur en mitad de una noche colmada de constelaciones. Bajo él se van sucediendo, entre las sombras de los paisajes, destellos de embalses y ríos, grumos de luces de núcleos habitados, haces de los faros de algunos vehículos...

Desde su almohada, un niño sueña despierto con él. Para ayudarlo a dormir, su padre le acaba de contar la historia de ese pájaro, un mosquitero ibérico.

Pero es un cuento todavía sin final: «Mañana seguiremos, que hoy es ya muy tarde». «¡Pero no podemos dejarlo así, volando solo en mitad de la noche...!» La breve protesta no ha servido de nada. El padre le ha dado un beso, la madre otro beso y las buenas noches, y han ido a acostarse.

Al rato, la casa se ha quedado en silencio.

El niño estira el brazo, coge con cuidado la pila AAA que su padre ha dejado en su mesita de noche y se la queda mirando en la penumbra de su habitación. Recapitula rápido: la decisión del mosquitero de volar hacia el cielo desde la masa de sauces. La despedida hasta el año que viene de su pandilla de amigos, que incluyen petirrojos y currucas capirotadas. Su paso, ya muy alto, sobre la casa donde viven...

Imagina ahora al pequeño pájaro suspendido en el cielo nocturno: «Es verde y amarillo, con las patitas color caramelo, tan pequeño como una de tus orejas, mucho más joven que tú y muy aventurero».

El último

Según le ha contado también su padre, ese mosquitero ibérico ha pasado esta primavera y verano en el Parque de Salburua, aquí en Vitoria, por donde la familia pasea a menudo. Al empezar el relato le ha puesto un instante, a través del altavoz de su teléfono móvil, el canto saltarín y el reclamo dulce de esta especie: «¿No te acuerdas? Lo hemos escuchado varias veces». «Sí, sí», ha dudado entonces el niño para que el padre arranque cuanto antes su cuento.

Ni uno ni otro pueden saberlo. ¿Cómo podrían? Pero ha querido la casualidad que, justo al caer esta noche, haya abandonado Salburua el último mosquitero ibérico que allí quedaba. Este tiempo de equinoccio, doblada ya la mitad de septiembre, ha determinado su marcha.

Papel y lápiz

Con mucho sigilo, el niño devuelve la pila a su mesita de noche, aparta las sábanas, se levanta de su cama y se sienta en su mesa de juegos y de estudio, en la que tanto monta construcciones como convierte en pista de pequeños coches o dibuja para sí o para la maestra.

Enciende la lámpara, coge un folio y un lapicero y se detiene un instante antes de continuar. Se lleva entonces la mano a una oreja, calcula su tamaño entre el pulgar y el índice, transporta esa distancia al papel y traza con rapidez el esquema de un pequeño pájaro con las alas muy abiertas.

A continuación, lo pinta de verde y de amarillo. Luego empieza a dibujar estrellas a su alrededor. Cuando las termina, rellena el inmenso espacio entre ellas de negra noche.

¿Adónde ira?

El destino del mosquitero ibérico es África. También llegará allí el del cuento, por supuesto, tras varias aventuras en su paso sobre Iberia, el estrecho de Gibraltar y el desierto del Sahara. Pero eso solo sucederá mañana. Por el momento, es un misterio. El niño bosteza mientras termina su dibujo.

Cuando por la mañana el padre se levanta para preparar el desayuno de la familia y abre su habitación para salir al pasillo, encuentra el dibujo en el suelo.

Se agacha, lo recoge y se lo queda mirando un buen rato, como quien descifra esa manera infantil de conocer el mundo que, se dice, no es sueño, ni fe ni ficción. ¿Quizá sí convicción, o confianza? El padre duda: ¿no serán estos, también, otros conceptos adultos más?

En este mismo instante, mientras el niño sopesa la pila AAA en su mano, el pájaro escucha en la distancia los reclamos de otras aves viajeras. Va quedando a su derecha el brillo de una gran ciudad.

Es un ejemplar joven, nacido este año. Viaja solo, rumbo a ese sur que es en estas fechas el destino de tantas otras aves. Aunque nunca ha estado allí, sabe de su existencia de una manera misteriosa que no podemos denominar sueño, fe o ficción. Ni tan siquiera convicción, o confianza, pues estos no dejan de ser otros conceptos humanos más.

El Parque de Salburua

Situado en la sección oriental de la ciudad de Vitoria, forma parte del anillo verde de la ciudad y destaca tanto por su extraordinario valor ecológico como por ser lugar de paseo diario de muchas personas. Aparte de bosques y praderas, es su sistema de humedales lo que le otorga mayor interés ornitológico. Incluye cuatro lagunas principales, recuperadas en 1994 tras su desecación décadas antes: Betoño, Arkaute, Larregana y Duranzarra.

En primavera crían garza real e imperial, garceta común, garcilla bueyera, avetorillo común y martinete común. Coinciden en estas fechas con chorlitejo chico, ánade friso, porrones europeo y moñudo, cigüeñuela común, aguilucho lagunero, carricero tordal... En invierno aparecen más patos, y en las migraciones, entre otras, cerceta carretona, espátula común, grulla y muy diversas aves limícolas y paseriformes.

Una primera visita a Salburua debe comenzar en Ataria, el centro de interpretación de sus humedales. Amplio y muy bien equipado, facilita las claves esenciales para disfrutar aquí del contacto con la naturaleza. Uno de sus mayores atractivos es su mirador, que sorprende por su diseño y vistas.

![Parque de Salburua](Paque de Salburua)

OCÉANO ATLÁNTICO

Mar Mediterráneo

Rutas migratorias principales de las poblaciones de mosquitero ibérico que vienen a España en primavera.

🔴 Zona de cría

🔵 Zona de invernada

⇄ Rutas migratorias

Los viajes de los mosquiteros ibéricos

Con una distribución global en época de cría que se limita a la Península, el sur de Francia y partes del noroeste de África, las mayores densidades de esta especie se registran en el tercio noroeste de Iberia.

Sus territorios de invernada comprenden una estrecha franja tropical al sur del desierto del Sahara, si bien no se conocen con exactitud. Se extienden al menos entre Senegal, Mali y Ghana..

Terminada la cría, los primeros ejemplares en partir hacia allí lo hacen ya a finales de agosto, pero es en la segunda quincena de septiembre cuando el flujo es más intenso. Esta marcha es un poco anterior, aunque coincide, en parte, con la llegada a España desde el norte de Europa de mosquiteros comunes, un pájaro muy similar que también cría en varias zonas de España. De hecho, hasta finales del siglo pasado el mosquitero ibérico se consideró una subespecie del mosquitero común. Varios estudios genéticos determinaron entonces que eran especies diferentes. En el campo, y en primavera, la manera más fácil de distinguirlos son sus cantos, muy diferentes.

Los mosquiteros ibéricos llegan al sur de España ya a finales de febrero y se establecen en sus áreas de cría a lo largo de marzo y abril. Esas voces suyas están así entre las primeras en anunciar cada primavera. Poco después son sobre todo las hembras las que construyen el nido, escondido entre la vegetación y con una pequeña entrada lateral. Ponen luego entre tres y siete huevos, que eclosionan a las dos semanas. Solo un mes después, los pollos ya son independientes, y empiezan a explorar el mundo por sí solos. Durante todo ese tiempo acumulan una experiencia que les resultará crucial cuando emprendan su primer gran viaje hacia el sur.

MOSQUITERO IBÉRICO
Canto de sí mismo

Como en otros muchos pájaros cantores, la secuencia de canto del mosquitero ibérico empieza con un ataque decidido, a base de varios pares de notas altisonantes emparejadas con ritmo, y cae en una especie de trino contenido. Las diferencias entre individuos son notables, lo que apunta a una cierta "personalización" vocal. Esto, junto con algunos estudios con especies próximas de la familia de los sílvidos apuntan a la posibilidad de que en cada una de esas fases del canto cada macho codifique diferente información. En una fase estaría su identidad, su firma sonora: «este soy yo», parecería decir; en la otra, sus intenciones respecto a una hembra: «soy un buen partido». ¿Será eso lo que está proclamando a los cuatro vientos este mosquitero ibérico, interrumpido en su interpretación por la mescolanza de chochines, ruiseñores, oropéndolas y demás habitantes del soto?

ABEJARUCO EUROPEO

Septiembre

PARQUE NACIONAL DE DOÑANA, ANDALUCÍA

Los trinos de la bandada suenan a despedida. Les quedan muy pocas horas en Europa. Pasados ya unos fuertes vientos de levante que les han arrastrado demasiado hacia el oeste de su ruta habitual, y tras descansar un par de días en los anchos territorios del Parque Nacional de Doñana, acaban de decidir que ha llegado el momento de retomar su camino.

Según trufan la brisa con esas voces suyas, parecidas a suaves toques de silbato, van cobrando altura a la vez que se dirigen hacia la desembocadura del Guadalquivir, en Sanlúcar de Barrameda. Vuelan en formación dispersa, cada uno de ellos, allá en el azul, como un trocito de arcoíris. Y es que son abejarucos europeos: en su plumaje brillan el amarillo, el naranja, el verde, el castaño, el índigo...

Otras muchas especies están tomando o tomarán la misma decisión en estas horas: papamoscas grises y cerrojillos, tarabillas norteñas, mosquiteros musicales, carricerines comunes, currucas carrasqueñas, aguiluchos cenizos... Algunas han emprendido también su vuelo. Otras aguardan a que caiga la noche. Es como si esa brisa a la que ha quedado reducido el viento deshojara de esas aves los paisajes del parque nacional, y de todo el continente. Quien lo hace, claro está, es el otoño.

Muchas vienen de muy lejos. Estos abejarucos, por ejemplo, vienen de criar en la Alta Sajonia, en el centro de Alemania. Su gente suele acudir hacia el sur por una ruta algo más oriental. Pero ese viento de levante ha sido demasiado insistente...

Aves, colores y largos viajes

Parecen criaturas de fábula. Es difícil no caer en el asombro ante un abejaruco cuando se posa y permite que la mirada recorra el sinfín de matices de su tan polícromo plumaje. El caso es que son muchas las aves que a lo largo y ancho de las regiones de este planeta muestran combinaciones de colores igual o incluso más atrevidas. Están, por ejemplo, el diamante de Gould, el quetzal resplandeciente, varias especies de loros y guacamayos, de tangaras, de colibrís, de tucanes, de aves del paraíso...

No es mal momento ahora, mientras estos abejarucos alemanes se aproximan a Sanlúcar volando sobre el Lucio del Membrillo hacia las dunas, corrales y pinares inmediatos, para recordar que hace medio milenio otros viajeros alcanzaron

ese mismo puerto gaditano tras haber navegado por entre los archipiélagos de Melanesia, Filipinas, Indonesia, Molucas o Java. Sucedió el 6 de septiembre de 1522, y venían de lograr la primera circunnavegación del planeta. Su capitán era, por supuesto, el guipuzcoano Juan Sebastián Elcano, tras haber fallecido durante el viaje el inicial Fernando de Magallanes.

Y es que resulta que entre los cargamentos que traía consigo aquel día la nao Victoria estaban algunas de las primeras pieles de aves del paraíso que llegaron a occidente. Tras narrar que dos de ellas fueron regalo del rey de la actual Tidore, y describirlas, el cronista de aquella peripecia marina, Antonio de Pigaffetta, añadió: «Se dice que provienen del paraíso terrenal y las llaman *bolon dinata,* es decir, pájaros de Dios». De ahí lo de «aves del paraíso», denominación que se hizo popular en toda Europa. Una de aquellas pieles, se dice, fue la que inspiró uno o pocos años después la primera ilustración conocida de uno de estos pájaros, obra del alemán Hans Baldung.

Sin fronteras

En alemán las aves del paraíso (cuarenta y dos especies diferentes) se llaman *Paradiesvögel.* Y los abejarucos europeos, *Bienenfresser,* 'comeabejas'. Como es sabido, la alimentación favorita de estas aves son abejas, abejorros, avispas... Incluidas las invasoras velutinas, originarias precisamente de ese sudeste asiático hogar de las aves del paraíso.

Estos abejarucos que ya cruzan sobre el Guadalquivir dejaron Alemania a mediados de este mes de septiembre. Se dirigieron entonces a través de Suiza y Francia hacia Iberia. Ahora, pasados esos incómodos vientos que encontraron, van rumbo al Estrecho para desde allí cruzar a África.

Su destino, tras cruzar el Sahara, está en algún lugar al sur de Gabón y próximo a la independentista provincia de Cabinda, separada del resto de Angola y rodeada por la República Democrática del Congo, la República del Congo y el océano. Permanecerán allí hasta mediados de marzo. Poco después, sus colores regresarán a Europa, justo a tiempo para sumarse a tantos otros con los que la primavera celebra cada año su vuelta.

El Parque Nacional de Doñana

Conjunto estratégico para la alimentación y el reposo de verdaderas multitudes de aves migratorias, las marismas dulces y saladas, playas, bosques, dunas o cotos del Parque Nacional de Doñana configuran uno de los grandes tesoros naturales de nuestro país y de Europa. Un tesoro que merece mucho más amparo del que ha recibido en los últimos tiempos como consecuencia de ese abuso de sus acuíferos del que han alertado tanto la prensa como los organismos internacionales de conservación de la naturaleza.

Para visitarlo, una buena idea es comenzar por El Rocío y, tras un paseo por la orilla de la marisma, entrar en el Centro Ornitológico Francisco Bernis, gestionado por SEO/BirdLife. Desde su terraza se disfruta de una vista magnífica. Los centros de visitantes de la Rocina y el Acebuche son otros dos lugares estupendos para organizar más recorridos. De ambos parten varias sendas hacia distintos observatorios. Otro destino más, separado de los anteriores, es el Centro de Visitantes José Antonio Valverde, situado en uno de los puntos neurálgicos del Parque Nacional pero accesible solo a través de una pista sin asfaltar de cuyo estado conviene informarse antes de recorrerla.

Paque Nacional de Doñana

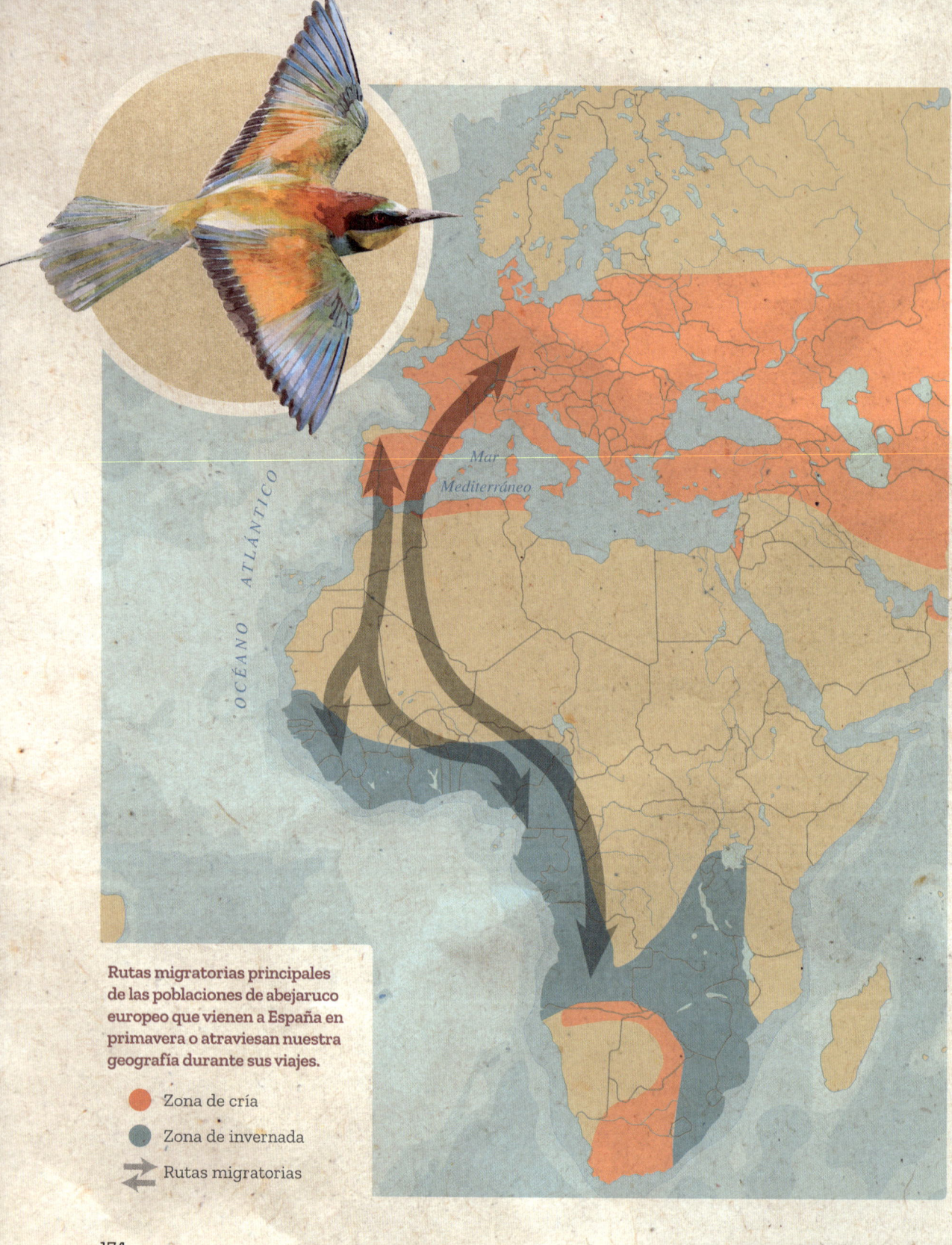

Rutas migratorias principales
de las poblaciones de abejaruco
europeo que vienen a España en
primavera o atraviesan nuestra
geografía durante sus viajes.

● Zona de cría

● Zona de invernada

⇄ Rutas migratorias

OCÉANO ATLÁNTICO

Mar Mediterráneo

Los viajes de los abejarucos europeos

Ausente solo como reproductora en Canarias y en gran parte de Galicia y la franja cantábrica, esta especie se extiende en época de cría desde Portugal hasta el este de China, y en invierno, al sur del Sahara, entre el oeste y el sur de África.

Los abejarucos europeos eligen distintas rutas según su lugar de reproducción. Los de Iberia, y hasta Alemania, toman una ruta occidental, cruzando Gibraltar y la costa atlántica de Marruecos para, salvo alguna excepción, pasar los meses más fríos entre Senegal y Nigeria. Los de Alemania del este tienden a volar a través del Mediterráneo occidental y la mitad oriental de Iberia para dirigirse a entre Nigeria y Angola. Los de Europa oriental llegan hasta Sudáfrica. Las distancias de migración son en consecuencia también distintas. Así, las aves de Portugal recorren poco más de 3.000 km, mientras que las de Alemania hacen el doble de camino. Pero estas no son las únicas diferencias. La población española y portuguesa suele comenzar su viaje hacia el sur ya desde finales de agosto, por lo general unas dos semanas antes que las del centro de Europa, si bien depende de los años, en función sobre todo de la meteorología. También llega antes de regreso, entre marzo y abril.

Las bandadas viajeras son de unas pocas decenas de aves, integradas por adultos y jóvenes. Suelen volar de día y a altura relativamente baja. Para descansar, acostumbran a concentrarse en oasis o islas.

Esta especie es cada vez más frecuente como reproductora en Alemania, mientras que en Iberia tiende a un declive moderado, si bien no en todas las regiones. La causa, según un análisis reciente, podría ser el cambio climático, y ambas tendencias podrían acelerarse en el futuro.

ABEJARUCO EUROPEO
Sobre la voz y los colores

¿Cuántos colores adornan el plumaje de los abejarucos? Ocho o nueve, con todos los matices intermedios que caben entre el cobrizo y el amarillo del manto, el sucio anaranjado de las partes inferiores, los degradados que van del azul metalizado a los verdes, el blanco de la frente, los negros del antifaz y los bordes alares. Además del ojo rojo. Sin embargo, las voces se resumen en diversas variaciones a partir de una nota simple, líquida, repetida hasta el infinito. Pero, al igual que en la gama de color, también en el sonido la variedad está en el detalle. Hasta catorce modulaciones acompañan los diferentes comportamientos de estas aves gregarias. Y el parloteo entrelazado de las bandadas en paso, sobre todo al caer la tarde, cuando se acercan al suelo a descansar, es uno de los sonidos más reconocibles de la banda sonora del otoño.

GAVIOTA DE SABINE

Septiembre

ESTACA DE BARES, GALICIA

SEPARACIÓN EN NASARUVAALIK

En inuit *Nasaruvaalik* significa 'cosa que usa una bufanda'. Así se llama una pequeña isla, de solo 3 km de largo, situada en mitad del Queen's Channel, en el extremo norte de Canadá y a medio camino entre la bahía de Baffin y el mar de Beaufort.

Es un lugar tan inhóspito en invierno como repleto de vida durante el verano: crían en su reducida extensión, visitada por osos polares o zorros árticos, especies como gaviota de Ross (en las plumas de su cuello lucen como una estrecha bufanda, de donde procede el nombre de esa isla), charrán ártico, éider común y real, pato havelda, correlimos oscuro, falaropo picogrueso, gavión hiperbóreo, escribano nival... Y gaviotas de Sabine, quizás las más bonitas que existen.

De Nasaruvaalik viene, precisamente, el macho que ahora mismo vuela frente al coruñés cabo de Estaca de Bares junto a otras de su especie, para gran alborozo de las decenas de personas que las observan con sus prismáticos y telescopios desde el observatorio de aves allí emplazado.

Tú al Pacífico, yo al Atlántico

La gaviota de Sabine debe su nombre al apellido del británico Joseph Sabine, quien la describió en 1819 a partir de una piel traída por su hermano Sir Edward Sabine de una expedición de Sir John Ross en busca de una vía de navegación desde el Atlántico hacia el Pacífico por entre aquel laberinto de islas, islotes y placas de hielo. Solo el noruego Roald Amundsen sería capaz de completar una singladura completa de esa ruta, ya a comienzos del siglo XX y con enorme esfuerzo. La disminución actual del hielo marino, vinculada al cambio climático, convierte esa vía en navegable cada vez más días al año. Crece así su interés comercial y, con él, las disputas sobre si se debe considerar de soberanía canadiense o se le debe aplicar el derecho marino internacional.

Las gaviotas de Sabine, ajenas a las proezas y discordias humanas, llevan sabiendo cómo navegar por esos territorios desde tiempo inmemorial. Se han estimado en 420.000 las que crían en las islas del Ártico de Canadá. Sus colonias se vacían

Temporal de noroeste

El año pasado esa pareja de Sabines hizo lo mismo: ella se largó hacia un océano, y él, hacia otro. Él, en esta ocasión, se ha encontrado con muy fuertes vientos al poco de llegar frente a Galicia.

Durante más de tres días ha estado soplando de suroeste con abundancia de lluvias. Después ha rolado a noroeste, de donde llegan cada poco fríos chubascos que tienden a pasar rápido. Las radios de los barcos refugiados en puertos y bocanas de rías anuncian una pronta mejora de las condiciones, todavía muy malas. Para la gente congregada en el observatorio de Estaca de Bares, sin embargo, son las mejores: esos vientos que vienen de cruzar el Atlántico obligan hoy a una gran multitud de aves marinas migratorias a doblar este extremo norte de Iberia.

A lo largo de esta jornada de finales de septiembre han registrado miles de pardelas pichonetas, cenicientas atlánticas y sombrías, así como de alcatraces atlánticos y charranes patinegros, y unos pocos cientos de págalos pomarinos, entre otras muchas especies. Varias de esas personas han logrado ver hoy por primera vez en su vida, además, un págalo polar, una especie que cría en la mismísima Antártida y que migra hacia el Atlántico norte durante el invierno de allí. Pero ahora que cae la tarde y han comenzado a pasar pequeños grupos de gaviotas de Sabine, no paran de comentar lo hermosas que son, incluso a tanta distancia como vuelan.

El macho de Nasaruvaalik se aleja ya. Va mucho más al sur: llegará hasta la altura de Ciudad del Cabo, en Sudáfrica. Su pareja pasará esos mismos meses frente a Lima, a 10.000 km de distancia. Si todo va bien, volverán a reunirse en primavera en su isla ártica.

entre mediados y finales de agosto, cuando todas ellas abandonan esas latitudes por otras mucho más cálidas, volando tanto hacia el Atlántico como hacia el Pacífico.

De hecho, la pareja del macho que ahora mismo vuela frente a Estaca de Bares está en este instante ante el estrecho de Sitka, al sur de Alaska. Un lugar por el que, por cierto, navegó el coruñés Francisco de Mourelle allá por 1775, como piloto de la expedición Bruno de Heceta y Juan Francisco de la Bodega y Quadra, la primera europea en explorar esas aguas. Tiempo después, el diario de a bordo de Mourelle sería llevado clandestinamente a Londres y utilizado por James Cook para sus propios viajes por el noroeste del Pacífico.

El cabo de Estaca de Bares

Situado en el extremo norte de la provincia de A Coruña, y en la esquina occidental de la costa cantábrica, Estaca de Bares es el mejor promontorio de toda Europa para contemplar los movimientos de las aves oceánicas del Atlántico norte. Solo algunos lugares de Irlanda y de la Bretaña francesa rivalizan algunos días con la extraordinaria diversidad y abundancia de aves marinas que llegan a registrarse aquí.

Es entre finales de julio y enero cuando merece más la pena acercarse, sobre todo si el viento sopla del norte o del noroeste.

Entonces, dependiendo de la fecha, pues unas especies pasan en verano y otras lo hacen en pleno invierno, es posible observar aquí varias especies de pardelas, charranes común, ártico y patinegro, falaropo picogrueso, alcatraz atlántico, negrón común, págalos grande, rabero, pomarino y parásito, gaviotas tridáctila y enana, alca común, arao común, frailecillo atlántico... Y muchas aves más.

Existe en el cabo un observatorio de piedra a cuyo alrededor se reúnen muchos días gentes llegadas de toda España y Europa para disfrutar, con frecuencia bien abrigadas, de un espectáculo que a menudo incluye la presencia de cetáceos.

Observatorio de Estaca de Bares

Rutas migratorias principales
de las poblaciones de gaviota de
Sabine que pasan frente a las costas
de España durante sus viajes.

- Zona de cría
- Zona de invernada
- Rutas principales de primavera
- Rutas principales de otoño

Los viajes de las gaviotas de Sabine

A partir de mediados y finales de agosto los adultos reproductores de gaviota de Sabine comienzan a abandonar sus colonias, distribuidas sobre todo por el Ártico canadiense, y ya en menor medida por Groenlandia, Spitsbergen, Alaska y algunas zonas de Siberia. Tras atravesar la bahía de Baffin, entre Canadá y Groenlandia, atraviesan el Atlántico norte rumbo sobre todo a la zona de océano que rodea el noroeste de la península ibérica: esta es una de sus principales áreas de paso y de concentración antes de continuar su viaje hacia el sur. Es entonces cuando se pueden llegar a contar grupos de varios cientos alimentándose varias millas mar adentro de las Rías Baixas, la Costa da Morte o el golfo Ártabro. O, tras los temporales de la primera mitad del otoño, en movimiento frente a Estaca de Bares.

A partir de finales de ese mes y de octubre comienzan a reanudar su viaje, que les lleva a una segunda parada ante Mauritania o Senegal antes de seguir rumbo al extremo sur de África, donde permanecen en invierno. El viaje de regreso arranca en torno a abril, y llega a ser muy rápido: algún ejemplar ha sido capaz de cubrir casi 6.000 km en poco más de una semana.

La franja marina que rodea el noroeste de la península ibérica, desde el centro de Asturias hasta la frontera con Portugal, está catalogada como Zona de Especial Protección para las Aves Marinas (ZEPA), con el nombre de «Corredor Migratorio Galaico-Cantábrico Occidental», a fin de preservar su extraordinaria importancia como zona de paso para esta y tantas otras especies.

GAVIOTA DE SABINE
Alrededor de una mancha de grasa

Un grupo de aves descansa en el fuerte oleaje del golfo de Morbihan, frente a las costas de Bretaña. Han hecho una parada en su viaje hacia Estaca de Bares y más allá. Se mantienen en contacto por medio de unos discretos gruñidos, apenas audibles por encima del chapaleo del agua contra la embarcación de la que acaba de salir, como un maná inesperado, una pasta grasienta, pegajosa y de un delicioso olor a pescado podrido. En sus colonias de cría, en las lejanas aguas árticas, las Sabine manejan un repertorio vocal que solo vagamente recuerda al de otras gaviotas, una especie de llamada larga, la letanía clásica del grupo, pero como si hubiera pasado por la garganta de voz áspera de los charranes árticos. Pero en alta mar poco hay que decir, salvo aprovechar el momento, comer y callar.

GRULLA COMÚN

Octubre

COLLADO DE LINDUS, NAVARRA

SOBRE LOS PIRINEOS

Sus bandadas, sonoras y alargadas, pasan como trazando líneas de puntos entre el otoño y el invierno. Y eso que todavía faltan varias semanas para el cambio de estación.

Sus reclamos constantes suenan a la vez a despedida, saludo y anuncio. Es como si, diciendo adiós a Francia y hola a España, divulgasen al mismo tiempo a voces su presencia, no vaya a ser que el puñado de gente pajarera que ahora mismo las observa y censa se despiste y no perciba su paso sobre la línea invisible que marca la frontera entre ambos países.

Muy a lo lejos, sobre un horizonte de redondeadas cumbres, una masa de cumulonimbos anhela proporciones pirenaicas bajo un cielo de un azul que, de tan perfecto, parece irreal. Un quebrantahuesos, una especie que no migra, contempla desde muy alto toda la escena: esas decenas y decenas de grullas comunes en paso, ese grupo de gente con sus prismáticos y telescopios sobre este collado de Lindus, algunos sentados en sillas plegables y otros de pie, esos paisajes de cimas despejadas, densos hayedos cobrizos, amplias praderas...

Un portal a 1.200 m de altura

Este lugar es, cada otoño, uno de los portales de entrada a Iberia de infinidad de aves migratorias originarias de gran parte de Europa occidental. Y no solo de ellas: muy cerca de aquí, un poco más abajo, está el puerto de Ibañeta, junto a Roncesvalles, lugar de paso humano hacia la Península o hacia Francia, según de donde vengas, desde mucho antes del Imperio Romano, que se limitó a consolidarlo con su afición a la ingeniería civil. Desde el siglo X, además, transita por allí el Camino Francés que lleva a Santiago de Compostela.

Son así miles y miles los peregrinos que, desde el verano y hasta muy entrado el otoño, pasan a través de este lugar sobrevolados por aves tan viajeras como ellos. El motivo, por supuesto, es que para unos y otras el tránsito es más fácil por aquí.

Quienes cuentan ahora mismo esas bandadas de grullas que fluyen bajo el azul llevan ya unas horas apuntando, lo mismo que en tantos otros observatorios similares, tanto las especies en paso como su número. Han anotado además, como corresponde a la fecha, grandes grupos de

palomas torcaces y un buen puñado de palomas zuritas, así como unos cuantos milanos reales y un par de aguiluchos pálidos.

Pero aún queda mucha jornada por delante, y por tanto muchas aves por pasar. Cuando de vez en cuando alguna de esas personas se aleja de las demás para estirar las piernas, cruza sin darse cuenta esa línea invisible que marca la frontera entre España y Francia.

Una memoria veterana

Las grullas, por su parte, contemplan estas cumbres según su edad. Para las que han nacido esta misma primavera en Finlandia, los países escandinavos, las repúblicas bálticas, Polonia o Alemania, todo es novedad. Desde que partieron de sus áreas de cría, integradas junto a sus madres y padres en esas bandadas de decenas de ejemplares, vienen, a su manera, cartografiando cuanto ven. Es de esta misma manera, año tras año, como las más veteranas han atesorado en su memoria los hitos geográficos de la ruta que cada otoño las lleva del norte de Europa hacia Iberia, y en primavera, de regreso allá. También las diferentes condiciones meteorológicas que se pueden presentar cada año, y la mejor manera de aprovecharlas o evitarlas. Y, por supuesto, la localización de los mejores luga-

res donde refugiarse o detenerse a descansar y alimentarse entre cada tramo de viaje.

Todo ello, cuando se tiene en cuenta mientras pasan altas y vocingleras sus sucesivas tribus, configura algo muy parecido al acervo de una cultura nómada.

Contar para contarlo

Quienes las siguen censando desde este collado de Lindus apenas tienen tiempo para pensar en esas cosas, pues hoy, según se alejan unas bandadas, anuncian su inminente paso otras más. La atención al cielo es plena. El esfuerzo de localización e identificación de cada alta silueta, y de conteo y reconteo de bandadas, es constante. Ahí va un cernícalo vulgar. Ahí vienen muchas, muchas, torcaces. Y más grullas.

Aquí se cuenta para contarlo: para reunir todos esos datos, interpretarlos y compartirlos, y de ese modo saber, por ejemplo, si las cifras de cada especie difieren de las de hace años.

También para contar luego, a amistades y familiares, lo extraordinarios que son los lugares como este, donde el tiempo pasa volando de bandada en bandada.

El collado de Lindus

Lindus se considera, junto a Falsterbo (Suecia), Organbidexka (Francia; a solo 20 km en línea recta) y el estrecho de Gibraltar, uno de los lugares de paso migratorio más importantes de Europa occidental para aves rapaces, grullas y cigüeñas. También para palomas: de ahí que tantos días de otoño las evocadoras voces de las grullas se mezclen con los tiroteos de los cazadores emplazados en diferentes puestos.

Cada año, entre mediados de julio y mediados de noviembre, se censan desde Lindus una media de 20.000 vencejos comunes, 3.800 cigüeñas blancas, 660 cigüeñas negras, 22.000 palomas torcaces (ha habido días de casi 50.000) y casi 190.000 palomas no identificadas, 9.300 abejeros europeos, 6.400 milanos negros, 4.500 milanos reales, 49.000 grullas..., así como cifras más modestas de aguiluchos lagunero, cenizo y pálido, culebrera europea, águila pescadora... Y muchas otras especies.

Se llega al lugar de censo desde el puerto de Ibañeta, por una pista que en coche no lleva más de diez minutos. Mientras contemplas el paso de aves, puedes tener un pie en España y el otro en Francia.

Rutas migratorias principales de las poblaciones de grulla común que vienen a España a pasar el invierno o atraviesan nuestra geografía durante sus viajes.

- Zona de cría
- Zona de invernada
- Rutas migratorias

OCÉANO ATLÁNTICO

Mar Mediterráneo

Los viajes de las grullas comunes

Las grullas comunes del norte de Europa siguen en sus migraciones tres rutas diferentes: una que las lleva hacia el este para pasar sobre Oriente Medio de camino a Etiopía; otra que a través de Hungría y los Balcanes llega a Italia y desde allí cruza el Mediterráneo hasta el norte de África, y la que, sobre Alemania, Países Bajos y Francia, viene hasta Iberia.

Es esta ruta más occidental la que toman la mayor parte de las bandadas que cruzan los collados pirenaicos navarros y aragoneses. Otras más sobrevuelan los Pirineos orientales. Muchas parten de sus países de cría en septiembre y se detienen en su camino en lugares como el sueco lago de Hornborga, el área de Mecklenburg-Vorpommern en Alemania y el lago de Der en Chantecoq, en el noreste de Francia. Y van confluyendo luego, tras cruzar los Pirineos navarros y aragoneses, sobre todo en la laguna de Gallocanta. Este paso se concentra especialmente entre finales de octubre y mediados de noviembre, si bien algunos años las condiciones meteorológicas las obligan a retrasarlo hasta la segunda mitad de noviembre.

Los censos de la especie en invierno en España, coordinados desde 2012 por José Antonio Román Álvarez para la entidad Grus Extremadura, oscilan entre las 200.000 y 250.000 contadas cada año por el voluntariado participante. La mayor parte de estas grullas pasan esos meses más fríos en Extremadura, Castilla-La Mancha y Aragón, y ya en menor medida en Andalucía, Castilla y León o Navarra.

El viaje de regreso se activa a comienzos de febrero y se extiende hasta marzo.

GRULLA COMÚN
Líneas en el horizonte

Un haz de líneas invisibles enlaza las tierras húmedas del norte de Europa con las lagunas de Gallocanta, islas de agua en un mar de tierras infinitas. Por esas líneas transita el griterío de las grullas, tan alegre que a su paso propagan la idea de que la mala estación no es tan mala.

Al llegar aquí, esas líneas se desvanecen en la infinitud de otras, las de los horizontes de Aragón, que abarcan unas inmensidades tan grandes que solo el griterío de miles de las aves más ruidosas del continente puede rellenar. Los trompeteos de las grullas viajan por el vacío sin encontrarse con obstáculos; ninguna montaña contra la que rebotar, ningún barranco en el que perderse. Además, las láminas de aguas quietas de las lagunas actúan como espejos acústicos y amplifican el alcance de las voces en esta llanura abierta a todos los vientos.

VUELVEPIEDRAS COMÚN

Octubre

EL HIERRO, CANARIAS

DE UN EXTREMO NORTE A UN EXTREMO SUR

Por entre las mesas y sillas, igual que un pequeño robot de limpieza con dos patas y una pinza, un vuelvepiedras va dando cuenta con su pico de las migas de pan y los fragmentos de patatas fritas que salpican el suelo de la terraza.

Un par de clientes, desde hace rato aburridos de sus teléfonos móviles, lo observan con indiferente curiosidad. Se han pasado la mañana buceando en las aguas inmediatas, uno de los fondos marinos más extraordinarios de este país. Sus nórdicos rostros, de tan colorados, son casi del tono de las patas del ave. La suponen típica de esta isla de El Hierro.

Uno de ellos coge una patata frita, la estruja en su puño y arroja el resultado hacia el vuelvepiedras. Este recoge con diligencia unos cuantos trocitos. Los dos buceadores se sonríen. Uno de ellos coge su móvil, se agacha y lo fotografía.

En la imagen el vuelvepiedras aparece mirando de frente, como sorprendido. El turista, satisfecho, comienza a escribir un texto para enviar la fotografía a algún conocido o familiar. Si supiera lo que han visto los ojos de esa ave, el sorprendido, y mucho, sería él.

En el extremo sur de España

Aquí, en su extremo sur, España y la Unión Europea se asoman a un paisaje llamado «mar de las Calmas». Son unas aguas cálidas, abrigadas de los vientos alisios, y zona de faena de los pescadores artesanales locales y hogar de una bio-

diversidad submarina extraordinaria. También, desde octubre de 2011, de un nuevo volcán, el Tagoro. Surgió a 400 m de profundidad y durante cinco meses creció hasta situar su cumbre a solo 89 m de la superficie. Con motivo de aquello, este puerto de La Restinga fue evacuado varias veces.

El vuelvepiedras nació unos años después. Su memoria, por tanto, no guarda recuerdos de cuando el mar de las Calmas y este puerto fueron agitados por aquellos acontecimientos. Pero sí preserva muchas otras cosas. Porque, para empezar, no nació aquí, sino en otra isla. Una muy remota. Tanto, que no solo está muy al norte de donde viven los dos turistas que acaban de fijarse en él, sino en otro continente.

Esa otra isla se llama Ellesmere, está en mitad de Ártico canadiense y alberga el asentamiento humano permanente más septentrional del planeta: la base militar de Alert. Fue precisamente junto a esa localidad donde, en mitad de la tundra, rompió este vuelvepiedras su cascarón.

«Yo he visto...»

En efecto: si esos turistas supieran de dónde proviene, su sorpresa sería tan grande como si el pájaro, de repente, comenzase a hablarles.

Pongamos que así fuera. Pongamos que el vuelvepiedras, igual que aquel replicante llamado Roy Batty al final de la mítica *Blade Runner*, les soltase un monólogo acerca de lo que han visto sus ojos.

Tendría que comenzar, cómo no, con «yo he visto cosas que vosotros no creeríais», y continuar, por ejemplo, así: «He visto ataques de osos blancos más allá del círculo polar. He visto zorros árticos demasiado cerca de mi nido. Y halcones gerifaltes, alguno tan próximo que escuché la vibración de sus alas. Suena a muerte. Me libré por poco. He volado sobre las costas heladas de Groenlandia, luego hasta las de Islandia y después hasta las de Irlanda antes de llegar aquí. Y vuelta. No una, sino varias veces. Aquí en La Restinga he conocido a humanos tan prósperos como vosotros, y a otros tan desesperados que llegan a este puerto medio muertos tras navegar

en cayucos desde África. También esas gentes han visto cosas que vosotros jamás imaginaríais... No os creáis tan seguros. Nunca se sabe».

Pero lo que hace no es hablar, sino abrir sus alas para volar junto a las lanchas de pesca y varios yates hasta su posadero favorito, en un rocoso rincón de la dársena.

Una vez allí, se dispone a descansar. Dormita junto a otros de su especie, acunado por el suave chapoteo de las olas del mar de las Calmas.

Cada poco, eso sí, abre el ojo que no está entre sus plumas. Es como si no quisiera perderse nada importante, nada que su memoria pueda lamentar no haber presenciado cuando toque hacer el repaso definitivo.

No es así, por supuesto. Lo que sucede es que la experiencia le ha enseñado a permanecer alerta. Aquí, en este hogar suyo de invierno, tan diferente del de verano, no hay halcones gerifaltes. Pero sí halcones tagarotes. Y nunca se sabe.

La isla de El Hierro

La isla de El Hierro es a la vez Reserva Mundial de la Biosfera y Geoparque, gracias a lo cual el 58% de su territorio disfruta de protección. Buena parte de él es además de la Red Natura 2000. Al mismo tiempo, está en marcha el proceso de declaración del mar de las Calmas como parque nacional.

Su aislamiento ha favorecido la presencia de subespecies endémicas como el herrerillo norteafricano de El Hierro y el pinzón canario de El Hierro. Alberga otras especies exclusivas de Canarias y de la Macaronesia, como mosquitero canario, reyezuelo canario, bisbita caminero, vencejo unicolor, canario, pardela chica macaronésica o la paloma turqué. Entre las especies de aves marinas que es posible observar en las aguas inmediatas están además el petrel de Bulwer o la muy abundante pardela cenicienta atlántica.

Los mejores lugares para la observación de aves forestales son los senderos de Jinama, la pista forestal de Mencafete y la fuente de la Llanía. Para las aves marinas cabe tanto navegar en torno a la isla como asomarse al mar desde cualquiera de sus promontorios, por ejemplo los acantilados de Tamaduste o el faro de Orchilla.

Acantilados de Tamaduste

OCÉANO
ATLÁNTICO

Mar
Mediterráneo

Rutas migratorias principales de las poblaciones de vuelvepiedras común que vienen a España a pasar el invierno o atraviesan nuestra geografía durante sus viajes.

⬤ Zona de cría
⬤ Zona de invernada
⇄ Rutas migratorias

Los viajes de los vuelvepiedras comunes

Con sus zonas de cría limitadas a las tundras árticas, los vuelvepiedras están entre las aves más viajeras del planeta. En los pasos migratorios pueden detenerse tanto en nuestra costa como en humedales de interior, pero en invierno prefieren los litorales. Allí voltean guijarros, algas o conchas, capturan invertebrados e incluso aprovechan restos de comida humana.

En España pasan los meses más fríos sobre todo en las costas atlánticas. Las poblaciones que vienen aquí tienen dos orígenes. Por un lado, están los que crían en Groenlandia y en las regiones más septentrionales de Canadá, por ejemplo en las islas de Axel Heiberg y Ellesmere, y que pasan el invierno desde las costas británicas hasta el noroeste de África, Mauritania incluida. La otra población que pasa esas fechas aquí llega de Escandinavia, Finlandia y el oeste de Rusia. Los vuelvepiedras que nidifican también en el Ártico de Canadá, pero algo más al sur, no abandonan ese continente: se distribuyen en invierno nada menos que desde Nueva York hasta Tierra del Fuego.

La distancia entre el norte de Ellesmere y las islas Canarias, doblando el norte de Groenlandia, es de más de 6.000 km. Toda una proeza, si bien hace unos años se descubrió que los vuelvepiedras que crían en el extremo norte de Siberia central hacen cada año un viaje de ida y vuelta a sus zonas de invernada en el suroeste de Australia de más de 27.000 km. En otoño hacen dos vuelos de 6.200 y 5.000 km interrumpidos por una parada de varias semanas en islas o atolones del Pacífico central. En primavera siguen las costas de Oceanía y Asia.

VUELVEPIEDRAS COMÚN
En las charcas mareales

El mar regolfa en las mil oquedades de una costa de roca volcánica; en cada hueco el agua se enrosca de una manera diferente y reproduce así la infinita variedad de formas que creó la lava ardiente en su contacto con el agua fría. Y por aquí pasea un bandito de vuelvepiedras, rebuscando en las charcas mareales y dejando caer algunas notas de su escaso repertorio vocal. Sonidos agudos, afilados, la marca acústica de las aves limícolas, que parecen buscar una estructura: un trino corto, seguido tras una breve pausa por otras notas cortas, de intensidad y frecuencia variables. La luna se levanta sobre el horizonte, los vuelvepiedras rebuscan ahora en los charcos de agua encendida. Por detrás, va y viene el trino inconfundible del zarapito trinador.

PARDELA SOMBRÍA

Noviembre

CABO PEÑAS, ASTURIAS

HACIA EL CABO DE HORNOS

Las altas y largas olas del mar de fondo suenan a metrónomo. Un metrónomo, eso sí, que dilata al extremo su compás: entre ola y ola transcurren unos segundos que pueden resultar exasperantes. Es como si el mismísimo tiempo se regodeara en su morosidad. Como si la saboreara. Como si no deseara avanzar. Pero ya se sabe: el tiempo no tiene prisa... pero tampoco pausa. En especial, para las aves migratorias. Su mundo es una especie de híbrido entre un calendario y un mapa. Para ellas, cada lugar tiene su fecha, y cada fecha, su lugar.

Las que hoy vuelan sobre esas altas olas ante el asturiano cabo Peñas no llevan consigo un mapa, sino una carta de navegación. Es inmensa, pues cubre todo el océano Atlántico.

Son pardelas sombrías. Sus siluetas oscuras y alargadas alternan rápidos batidos de alas con prolongados planeos en parábola con los que se diría que van midiendo, tramo a tramo, la superficie marina. Viajan hacia el extremo suroeste de este océano: proa a islas muy remotas, algunas de ellas justo al norte del cabo de Hornos, en el extremo sur de América.

Hacia archipiélagos remotos

El nombre de uno de esos archipiélagos es bien conocido: en español las llamamos islas Malvinas, si bien su nombre deriva del francés îles Malouines, pues así las bautizó Louis Antoine de Bougainville en el siglo XVIII. El mundo anglosajón prefiere denominarlas Falkland, nombre que hace honor a cierto primer lord del Almirantazgo británico. A las pardelas sombrías, por supuesto, les da igual cómo las llamen. Es más: llevan criando allí desde muchos milenios antes de la llegada de cualquier humano.

Algo parecido sucede con los otros archipiélagos a donde acuden las miles y miles de ellas que, desde agosto hasta noviembre, primero las adultas y después las no reproductoras, vuelan frente a las costas atlánticas y cantábricas ibéricas con idea de cambiar el hemisferio norte por el hemisferio sur. Son las islas de los Estados, las de Año Nuevo, las Wollaston o las Hermite. Entre estas últimas está la isla de Hornos, en la que se ubica el cabo de igual nombre. Hasta allí sí que llegaron humanos algo antes: los yaganes, hace cerca de 6.000 años. Solo quedan un puñado. La última persona que habló su idioma, llamada Cristina Calderón, falleció en 2022.

Cap Horniers

Es aquella una región de temibles tempestades, que han provocado el naufragio de un sinfín de barcos. Hay un nombre para quienes sí han logrado doblar con éxito ese promontorio: *Cap Horniers.*

Muchas pardelas sombrías son *Cap Horniers.* Durante el verano austral, nuestro invierno, vuelan sobre las amplias extensiones de mar que se despliegan entre esta zona, la península antártica y las costas de Chile y Argentina, latitudes extremas que los navegantes conocen como «los cuarenta rugientes, los cincuenta aulladores y los sesenta bramadores». Allí conviven con albatros, priones, petreles, paíños o potoyuncos de muy diversas especies. Y encuentran el alimento para sus pollos, que les aguardan en colonias que llegan a sumar varios miles de madrigueras.

Es adonde vuelan estas que hoy pasan frente a este asturiano cabo Peñas.

Y eso que no les urge tanto llegar. Esta temporada no van a traer familia al mundo. Muchas son ejemplares jóvenes: en su especie, la edad media de la primera cría es de cerca de siete años. Otras están de año sabático. Las que sí van a tener pollos, uno por pareja, hace ya semanas que están en sus colonias. Pasaron frente a estas costas del noroeste ibérico, quizá tan cerca como las de hoy, quizá a enorme distancia, hace unos dos meses.

Allá van estas. Sí, como midiendo el océano por tramos, parábola tras parábola. También minuto tras minuto. Y día tras día. Su calendario-mapa, su mapa-calendario, es bien claro en sus instrucciones: antes de fin de año, la inmensa mayoría deben haber abandonado estas aguas.

No volverán a verse en cifras curiosas desde aquí hasta el próximo verano. Para entonces, algunas de ellas habrán trazado ya en sus cartas de navegación un derrotero extraordinario, de más de 30.000 km... Sin contar sus idas y venidas por los cuarenta rugientes, los cincuenta aulladores o los sesenta bramadores.

El cabo Peñas

Es el más septentrional de Asturias, y un lugar de pajareo excepcional. Sus campos son, durante las migraciones, ideales para buscar todo tipo de aves terrestres que se detienen aquí antes o después de cruzar el Cantábrico. En otoño aparecen, entre otras, papamoscas gris y cerrojillo, tarabilla norteña, collalba gris, zorzales común, alirrojo y real, alondra común, bisbita de Richard... Y más de una rareza a nivel peninsular. También limícolas, en las charcas temporales que se forman cuando llueve.

El litoral de Moniello, hacia el este, es mejor para observar las aves marinas que luego pasan frente a Peñas: suelen volar más próximas. A lo largo del verano, y hasta entrado el invierno, lo mismo que en otros cabos del noroeste, como el de Burela y sobre todo Estaca de Bares, vuelan frente a aquí pardelas cenicientas, baleares, sombrías, pichonetas y capirotadas, alcatraces atlánticos, negrones comunes, págalos grandes, pomarinos, parásitos y raberos, charranes comunes, árticos y patinegros, fumareles comunes, gaviotas tridáctilas, alcas, araos y muchas otras especies. De hecho la ZEPA Corredor Migratorio Galaico-Cantábrico Occidental se extiende desde estas aguas hasta la frontera con Portugal.

Cabo Peñas

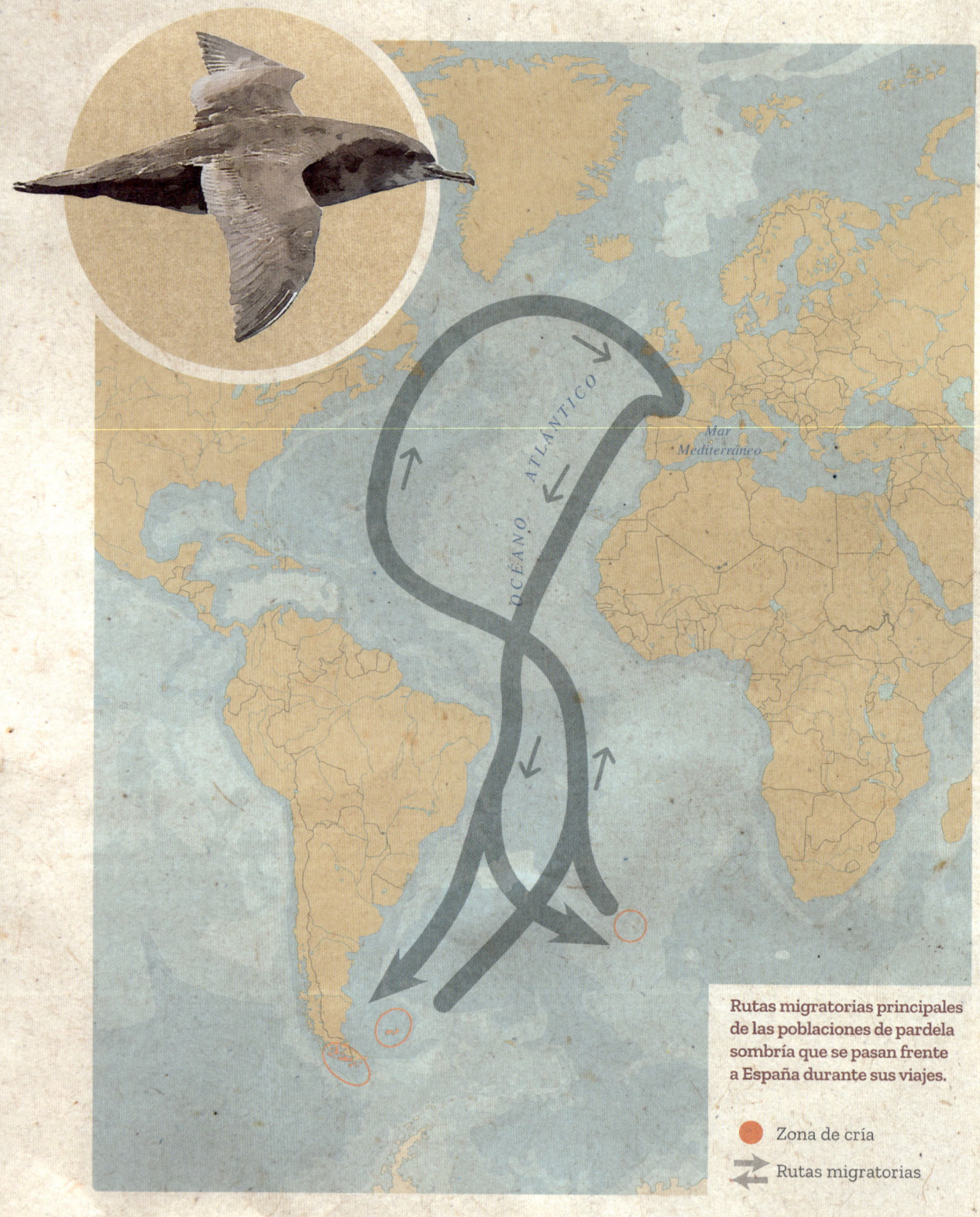

OCÉANO ATLÁNTICO

Mar
Mediterráneo

Rutas migratorias principales
de las poblaciones de pardela
sombría que se pasan frente
a España durante sus viajes.

● Zona de cría

⇄ Rutas migratorias

Los viajes de las pardelas sombrías

A finales de marzo, terminada su temporada de cría, las pardelas sombrías de las colonias de las Malvinas y los archipiélagos del extremo sur de América inician su viaje hacia el Atlántico norte. Este transcurre primero en paralelo a las costas de Argentina, Uruguay y Brasil, y se interna luego mar adentro, para alcanzar las ricas aguas de los Great Banks, al suroeste de la isla de Terranova. En este lugar repleto de alimento, cruce de caminos de la cálida corriente del Golfo y de la fría del Labrador, que baja desde el norte, se detienen durante varias semanas a mudar sus plumas de vuelo.

Luego comienzan a desplazarse hacia el oeste, visitando primero el Área Marina Protegida NACES (Corriente del Atlántico Norte y la Montaña Submarina Evlanov), entre Groenlandia y las Azores. A comienzos de septiembre las aves reproductoras ya empiezan a regresar desde allí hacia el sur. Las no reproductoras se quedan hasta un par de meses más, muchas de ellas en el golfo de Vizcaya. Las cifras más altas de paso ante los cabos del noroeste ibérico se obtienen de finales de septiembre a comienzos de noviembre. Otras especies que siguen una ruta parecida son el paíño de Wilson o el págalo polar, solo que ambos crían en la mismísima Antártida.

Las pardelas sombrías reproductoras en el Pacífico sur hacen un viaje similar, solo que el doble de largo, de unos 65.000 km de ida y vuelta, que les lleva primero desde sus colonias en el sureste de Australia y el entorno de Nueva Zelanda hasta la corriente de Humboldt frente a Chile y Perú, después a las aguas frente a Japón y las Aleutianas, luego hasta las costas de Alaska y California y finalmente de vuelta a su origen.

PARDELA SOMBRÍA
Alrededor de la carnada

Como la mayoría de las procelariformes, las pardelas sombrías son tan ruidosas en las colonias de cría como silenciosas en el mar. Pasan la mayor parte de su vida enmudecidas, al menos para nuestros oídos, incapaces de seguir sus conversaciones en las rutas oceánicas. Y solo alrededor de un cerco de comida —una mancha de *chum*, la carnada grasienta y olorosa con la que se atrae a las aves marinas desde las embarcaciones de observación, los descartes de pescado alrededor de un barco— se reúnen y dejan escapar algún gruñido. El ejemplar de esta grabación está pescando, asoma y se zambulle como un delfín; pero en lugar de respirar por un espiráculo, gruñe cada vez que saca el pico sobre la superficie del agua.

FRAILECILLO ATLÁNTICO

Noviembre

ESTRECHO DE GIBRALTAR

GENTE MONÁSTICA

Sus pequeñas bandadas van entrando al Mediterráneo a velocidad balística, cada uno de los fraillecillos convertido en un proyectil regordete, blanco y negro y con una ojiva multicolor en su punta. Los aleteos de sus cortas alas por entre las olas son tan veloces que en la distancia apenas se distinguen. Su urgencia es contagiosa. Si no les prestas toda la atención posible en los muy breves segundos durante los que te pasan por delante, olvídate de verlos mejor: se habrán ido tan rápido como llegaron. Es como si se les hubiera hecho muy tarde. O como si llevasen tanto tiempo deseando cruzar por aquí que, cuando por fin lo han conseguido, su entusiasmo se hubiese transformado en el más acuciante apremio, no vaya a ser esto un sueño. Ahí vienen unos cuantos más desde el Atlántico. Vistos y no vistos: ahí se van, Mediterráneo adentro.

Se cruzan sobre las olas de estos 14 km de ancho del estrecho de Gibraltar con un par de pardelas cenicientas mediterráneas. Son de las últimas en abandonar por este año el *Mare Nostrum*, que también es *Mare Eorum*: su mar. Aunque, como los fraillecillos, ellas tienen más de un mar. En su caso, pasarán los próximos meses frente a las costas occidentales de África, sobre todo en la corriente de Canarias. En cuanto a los fraillecillos, al menos uno de los que acaba de pasar viene de haberse dado un muy largo garbeo por el Atlántico norte.

Junto al monasterio de Skellig Michael

Y eso que durante parte de la primavera llevó una vida casi monástica, primero encerrado en su celda y luego entregado a un esforzado trabajo diario, que le ocupaba de maitines a completas. Lo de «casi» es, por un lado, porque durante ese tiempo primero se reencontró con su pareja de todos los años en su madriguera habitual. Luego ella puso un huevo que fueron incubando entre ambos, y cuando el pollito rompió el cascarón, se turnaron para darle calor y alimentarlo hasta que creció lo suficiente como para dejarlo cada vez más tiempo solo. Con casi mes y medio, su jovenzuelo se independizó, arrojándose al mar.

Lo de esa vida «casi» monástica es, además, porque todo eso sucedió entre marzo y julio a un paso de uno de los monasterios cristianos más remotos e inverosímiles del planeta. Fundado poco antes o después de cuando los omeyas cruzaron este mismo estrecho de Gibraltar para luego crear al-Ándalus, está encaramado en la isla de Skellig Michael,

una roca que no llega ni al kilómetro de largo y que asoma sobre el océano a más de 12 km al sur de la costa de Irlanda. Gracias a ese aislamiento, se conserva prácticamente tal y como fue construido, en lo alto de 270 escalones tallados en la roca por sus frailes. Lo que se descubre una vez allí arriba son seis celdas separadas unas de otras. A lo que más se parecen es a iglús cónicos levantados con piedra... O a unos huevos ciclópeos, fósiles y semienterrados, cada uno con una puertita rectangular, como si hubiera salido por ella un pollito de frailecillo.

De vacaciones, primero un *tour* atlántico

Crían cada primavera en Skellig Michael cerca de 4.000 parejas de esta especie. A mediados de verano prácticamente todos han abandonado la isla, y se han dispersado a lo largo y ancho del Atlántico norte.

Este que acaba de cruzar el Estrecho con su veloz bandada se dirigió hacia el sur de Groenlandia, pero muy mar adentro, lejos de tierra. Luego voló hacia el este de Islandia, esta vez sí visitando ese abrupto litoral, hogar asimismo de nutridas colonias de frailecillos y otras aves marinas. Fue ya en noviembre cuando volvió hacia Irlanda, pero sin detenerse mucho: pronto continuó hacia los mares frente a Galicia y desde estos, volando en paralelo a la costa de Portugal, hacia el Mediterráneo.

Si todo le va bien, permanecerá en ese mar hasta mediados de marzo o abril. Solo entonces regresará a su isla-monasterio, ese hogar de otros 8.000 frailecillos atlánticos. Un lugar que, además de estar catalogado como Patrimonio Mundial de la Unesco, ha sido estos últimos años visitado por los fans (la isla permite un máximo de 180 turistas por día) de cierta saga cinematográfica de ciencia ficción que lo eligió como escenario. Quién se lo iba a decir a sus frailes fundadores.

Las aguas del estrecho de Gibraltar

Los 14 km que separan Europa y África son unas aguas extraordinarias tanto en historia como en biodiversidad. Por aquí han cruzado griegos, fenicios, romanos, musulmanes, normandos... La gran mayoría, sin caer en la cuenta de que hacían lo mismo que grandes multitudes de otros pueblos: por ejemplo, los de los atunes y las caballas, los de los peces espada y las anguilas o los de los rorcuales y los cachalotes. Y, por supuesto, los de un sinfín de aves.

Hoy es posible contemplar el paso por estas aguas de aves marinas y cetáceos tanto desde embarcación como desde observatorios situados en ambas orillas. Uno de estos es el de la punta del Desnarigado, en Ceuta, célebre por las cifras de pardelas cenicientas mediterráneas que pasan ante él muchos días de octubre y noviembre. Otro es el de la isla de las Palomas, junto a Tarifa, al que se accede previa solicitud.

Desde Tarifa zarpan además barcos turísticos al encuentro de cetáceos de varias especies, orcas incluidas. Son ideales, por supuesto, para observar más de cerca las muchas aves marinas que, además de los frailecillos, trasiegan por aquí: pardelas, charranes, págalos, alcas, alcatraces y muchas otras.

Estrecho de Gibraltar

Rutas principales de dispersión del frailecillo atlántico tras la temporada de cría.

- ● Zona de cría
- ● Zona de invernada
- ⇄ Rutas migratorias

OCÉANO ATLÁNTICO

Mar Mediterráneo

Los viajes de los frailecillos atlánticos

Hasta las aguas exteriores de la plataforma continental ibérica, tanto mediterráneas como atlánticas, llegan a finales de otoño y en invierno ejemplares oriundos, en su mayoría, del oeste y el norte de las islas británicas. Los de las colonias de más al norte, por ejemplo Islandia, las islas Feroe o Escandinavia, suelen permanecer en el Atlántico norte.

Un reciente trabajo estima que cada año entran al Mediterráneo unos 15.000 frailecillos atlánticos. Llegan entre finales de otoño y principios de invierno, con un pico de paso en la segunda quincena de noviembre. Algunos de ellos, antes de llegar hasta aquí, han visitado, como el del relato, aguas muy al norte de sus colonias de cría irlandesas, galesas o escocesas. Regresan al norte entre febrero y finales de mayo, sobre todo a mediados de marzo, ya adornados con sus galas estivales.

Si bien su población en Europa, donde cría más del 90% de la especie a nivel global, se estima en varios millones de ejemplares, el frailecillo atlántico está catalogado como «vulnerable» por la Unión Internacional de Conservación de la Naturaleza. Esto se debe al declive que viene sufriendo en las últimas décadas, que según BirdLife podría suponer una pérdida de entre la mitad y el 80% de sus números hacia mediados de este siglo a causa de fenómenos como la crisis climática (que les afecta tanto a ellos directamente como a los peces de que se alimentan), la sobrepesca, las mareas negras o la instalación en sus áreas marinas de alimentación de parques de energía eólica.

FRAILECILLO ATLÁNTICO
Puro teatro

Todo en su aspecto parece revestido de comicidad. Los chanclos anaranjados, el pico multicolor, el maquillaje facial; hasta la levita negra y la postura erguida, como la de un mimo que imitara a un almirante de la Royal Navy. Un mimo que amenaza en la boca de su madriguera con un gruñido sordo, largo y sostenido, como una parodia de una orden lanzada desde la cubierta de un navío en el mar. Pero todo esto no es más que una visión antropocéntrica. Los frailecillos, como aquellos emplumados almirantes, practican la disuasión incruenta. En una colonia atestada de competidores —y las de frailecillos son especialmente concurridas—, usar señales estereotipadas de amenaza, de desafío, es un buen recurso para evitar conflictos. Para el frailecillo el tiempo en época de cría es oro, y no se puede desperdiciar en peleas. Por arriba, unos chasquidos constantes, como producidos por decenas de tijeras cortando el aire, delatan la presencia de otras muchas aves.

CHORLITO GRIS

Diciembre

PARQUE NATURAL DE LAS MARISMAS DE SANTOÑA,
VICTORIA Y JOYEL, CANTABRIA

MÚSICA INVERNAL

Sus reclamos suenan a eco melancólico. A morriña de su país de origen. Son chorlitos grises, y efectivamente nacieron muy lejos de aquí. Sus grandes ojos vieron por primera vez el sol en unos territorios tan distantes de estas marismas de Santoña que son muy pocos los humanos que se han aventurado por allá.

Dispersos a lo largo y ancho del extenso intermareal que ha descubierto la bajamar de esta mañana, cada uno de ellos permanece muy atento a cuanto sucede a su más inmediato alrededor. Caminan unos pasos. Se detienen. Vuelven a caminar. Se detienen de nuevo. Esos grandes ojos suyos, oscuros y penetrantes, no pierden detalle de cuanto sucede alrededor de sus patas. Hasta que detectan en el fango un movimiento tan sutil que parece mentira que lo hayan visto. Entonces se abalanzan hacia ese punto exacto con su corto pico y extraen de allí, por ejemplo, un largo poliqueto, un gusano marino. Tras tragarlo como si fuera un espagueti, se quedan como reflexionando acerca de cuestiones muy profundas.

Son aves tan grises como esta mañana de diciembre. Su dorso parece inspirado en ese tipo de nubosidad llamada «cielo empedrado» que suele anunciar tiempo frío. Sus vientres son del color de la nieve vieja. Sus cejas anchas y pálidas, combinadas con sus oscuras ojeras y esos ojos tan atentos, dan a sus rostros una expresión como de constante curiosidad.

Sube la marea

Lleva ya un buen rato subiendo la marea, así que deben apurar su búsqueda de alimento antes de que durante varias horas no puedan hacer otra cosa que descansar. Los rodean muchas otras aves. Este humedal del norte de Iberia es una zona de invernada de gran importancia para un extraordinario número de especies. Entre ellas, cerca de mil barnaclas carinegras, unos pequeños gansos de color muy oscuro que, igual que los chorlitos grises, vienen aquí a pasar los meses más fríos. Sus pequeñas y grandes bandadas son parte inseparable de este paisaje en estas fechas del año. Lo mismo que los reclamos de los chorlitos. Y que la presencia de gente pajarera, tanto en los diversos observatorios que salpican las orillas de estas marismas como a bordo de un trimarán que casi a diario recorre sus canales.

En los costados de ese barco se lee, sobre fondo verde, «Aves Cantábricas»: así se llama la empresa que desde hace años brinda la oportunidad de surcar los canales de Santoña con los prismáticos y las cámaras colgados del cuello. Esta misma mañana, un grupo de turistas ornitológicos va escuchando las explicaciones de su guía, Alejandro García Herrera, mientras

suenan de fondo esos reclamos de los chorlitos grises, mezclados, entre otros, con los de archibebes claros y comunes, correlimos comunes, chorlitejos grandes y zarapitos reales. Alejandro les va explicando que tanto los chorlitos como las barnaclas caringras vienen hasta aquí desde el centro de Siberia. Por ejemplo, desde la inmensa península de Taimyr, cuyo extremo norte coincide con el más septentrional de la masa continental euroasiática.

Música invernal

Sí, los chorlitos son aves cantábricas. Tanto como siberianas. Y de todos los lugares por donde pasan en sus viajes otoñales desde allí hasta aquí, y de regreso allá en primavera. Muy en especial, del mar de Frisia, que se extiende entre las costas de Países Bajos (donde lo llaman *waddenzee*) y Dinamarca (donde se conoce como *vadehavet*). Es un espacio extraordinario: la llanura de marea más extensa

de este planeta. Su importancia como parada es clave para enormes poblaciones de muy diferentes especies que dependen de ese tipo de paisaje que cada seis horas se reparten el mar y la tierra.

Ahora, aquí, le toca al mar. Sigue subiendo la marea. El trimarán de *Aves Cantábricas* se aleja hacia el puerto. Las barnaclas caringras echan a navegar por los canales en forma de oscuras flotillas, lo mismo que los silbones europeos, los cucharas comunes y otros patos. Los chorlitos comienzan a concentrarse en los escasos espacios que van quedando... Hasta que, poco a poco, vuelan hacia sus lugares de descanso favoritos.

Muchos acuden frente al paseo marítimo de Colindres. Allí sus voces siberianas y a la vez cantábricas resuenan junto a las de correlimos, zarapitos, chorlitejos o archibebes como la más invernal de las músicas.

El Parque Natural de las Marismas de Santoña, Victoria y Joyel

Se considera el humedal más importante del norte de España en términos ornitológicos. Y tanto en forma de estación de parada durante los pasos migratorios como de hogar en pleno invierno. Son muy numerosas las especies de aves que dependen de él.

Recorriendo entre noviembre y marzo lugares como el litoral de Laredo, Colindres y el de Gandarias, así como la zona de Montehano y el mirador de Las Arenillas, a un paso del núcleo urbano de Santoña, se pueden llegar a observar colimbos grande, ártico y chico, zampullines cuellinegro y cuellirrojo, grandes grupos de barnacla carinegra y silbón europeo, ánades rabudo y friso, cuchara común, cerceta común, negrón común, serreta mediana, varias especies de limícolas y gaviotas... ¡entre muchas otras aves!

En las próximas marismas de Victoria y Joyel nidifican entre otras garza imperial, somormujo lavanco o carricero tordal. No lejos de allí, en los acantilados de Punta Candina, en Liendo, se asoma al Cantábrico la única colonia de buitres leonados sobre el mar de España.

Marismas de Santoña

Rutas migratorias principales de las poblaciones de chorlito gris que vienen a España a pasar el invierno o traviesan nuestra geografía durante sus viajes.

Zona de cría

Zona de invernada

Rutas migratorias

Mar Mediterráneo

OCÉANO ATLÁNTICO

OCÉANO ÍNDICO

Los viajes de los chorlitos grises

Los que en otoño llegan a Iberia, tanto de paso hacia el oeste de África como para quedarse aquí a pasar el invierno, proceden del centro de Siberia. Muchos tienen como origen la gran península de Taimyr, donde anidan en tundras cubiertas de musgo y liquen y salpicadas de abedules enanos.

Las aves adultas suelen partir de allí a mitad de verano. El viaje les lleva cerca de un mes, incluidas sucesivas paradas de varios días en humedales estratégicos situados a lo largo de su ruta. Esta suele llevarles primero sobre la costa norte de Rusia (donde muchos se detienen en la bahía de Khaypudyrskaya, en el mar de Pechora, al sur del mar de Barents) y luego hacia las repúblicas bálticas, para desde allí cruzar el mar Báltico desde el sur de Finlandia y Dinamarca rumbo al mar de Frisia. Después continúan hasta aquí o van mucho más lejos: rumbo a los litorales de Senegal o Guinea-Bissau. Los que invernan en Europa cubren una distancia de en torno a 6.000 km. Los que acuden a esa zona de África, casi el doble. Suelen zarpar de vuelta al norte a comienzos de mayo.

Muy recientemente se ha descubierto que algunos de los chorlitos grises de la zona oriental de la península de Taimyr no vuelan hacia el suroeste, sino hacia el sur, y tras atravesar todo el centro de Asia eluden la cordillera del Himalaya desviándose hacia el este para llegar a orillas del mar Amarillo... ¡y volar luego a su zona de invernada en Singapur! Siguen así una ruta a medio camino de los que vienen a Europa y África y los que, desde la Siberia oriental, se trasladan a Oceanía y Australia.

CHORLITO GRIS
Aves de Brumario

Una modulación que, siguiendo el método de las antiguas guías de aves, podríamos transcribir como «tli-u-ii», muy parecida al «curliu» del zarapito real que abre la secuencia. Una confusión de silbidos agudos, líquidos, plañideros, de aves grises difuminadas en la niebla gris de una ría. Silbidos que se disuelven en el aire húmedo, empapado por la bruma. Los chorlitos no están solos. Silban sus tres notas los archibebes comunes, parpan los ánades azulones, reclama una agachadiza y escuchamos el chirrido de los chorlitejos chicos. Se queja una avefría. Al fondo, un bramido ronco delimita la línea que separa la costa del mar, el barro del agua salada. El territorio de los chorlitos grises y el de las gaviotas.

OCÉANO
PACÍFICO

GAVIOTA SOMBRÍA

Diciembre

PARQUE DE MADRID RÍO, COMUNIDAD DE MADRID

GAVIOTAS MUY TIERRA ADENTRO

Esta medianoche la madrileña Puerta del Sol estará repleta de gente dispuesta a celebrar por todo lo alto el cambio de año. Esa multitud, y el reloj que adorna la torre de la Real Casa de Correos, serán las imágenes más vistas en esos instantes en casi todos los hogares del país. Millones de personas aguardarán con sus uvas en la mano las indicaciones de los locutores de las televisiones: "Recuerden: ¡primero suenan los cuartos!"... Pero todavía faltan unas horas. Aún es media tarde.

A solo dos kilómetros de ese centro geográfico de España, a orillas de un río rodeado primero por un largo parque y tras él por la inmensidad urbana, una gaviota descansa en el agua con expresión absorta.

Este río es el Manzanares. El parque que recorre sus orillas es el denominado Madrid Río. En cuanto a la gaviota, es una sombría. Y ha llegado de muy lejos. De hecho, bien podrían estar calculando la cantidad de fines de año que llevan invernando en el centro de Iberia. O los días que le quedan desde hoy para partir de vuelta a su lugar de origen o... Pero no es probable que sus meditaciones vayan por ahí. No, no lo es en absoluto. Es más: la ciencia todavía no ha descubierto si las gaviotas meditan o no.

Quien sí lo hace es una pareja de fuera de la ciudad que se han venido a pasear por este parque antes de ir a tomar algo y después acercarse a la celebración de la Puerta del Sol.

Preguntas al móvil

Hace un rato uno de los dos ha preguntado al otro si sabía de la presencia de gaviotas en Madrid. El otro ha respondido que algo le sonaba, y ha acudido a una aplicación de inteligencia artificial instalada en su móvil para confirmarlo. La IA le ha respondido que sí, y que las orillas del Manzanares y sobre todo el lago de la Casa de Campo son dos de los lugares que frecuentan.

"¿Y qué gaviota será esa?", se han preguntado. "Seguro que tiene nombre". Como el emplumado objeto de su interés no está lejos, le han hecho una fotografía y se la han enviado también a esa respuesta para todo que les acompaña a todas partes y les ayuda a tomar todo tipo de decisiones.

"Gaviota sombría", ha respondido la IA. De primeras, los dos se han quedado bastante sorprendidos. No imaginaban que hubiera gaviotas de ánimo

bajo. Luego, al querer saber más acerca de esta especie, y descubrir que el nombre hace referencia al color de su dorso, han estallado en risas: "¡Pues a mí la cara de esa sí que me parece lúgubre!".

Con todo, se dicen, las gaviotas sombrías deben de ser bastante raras aquí en el centro de España. Igual hasta han tenido mucha suerte de verlas. Nueva pregunta al móvil. Y nueva respuesta: "En inviernos recientes, se han censado más de 100.000 ejemplares en la región".

"¡Pero si en el pueblo somos muchos menos!". Más risas. "¿Y comerán uvas?".

Sobre la gran ciudad

La gaviota echa entonces una breve carrerilla con las alas semiabiertas y, tras desplegarlas del todo, vuela ganando altura sobre el río y el parque.

"Oye, que empieza a hacer demasiado frío... ¿nos vamos nosotros también?".

La gaviota se aleja hacia el norte. Y se integra en un grupo de varias sombrías más. Bajo ellas van quedando primero el puente de Toledo, luego el lago de la Casa de Campo y más adelante Puerta de Hierrro. Con el Manzanares a modo de referencia, siguen a continuación sobre el monte de El Pardo, para dirigirse hacia el gran embalse de Santillana, junto a Manzanares El Real. Cuando llegan, descienden hasta una de las orillas, ya repleta de miles de otras como ellas, y buscan donde posarse a pasar lo poco que queda de día, y la larga noche.

El año que viene (es decir, mañana), harán la ruta inversa. El destino de muchas serán los vertederos del sur de la capital, a cerca de 50 km en línea recta. Es en los vuelos de regreso desde allá cuando alguna se detiene, como si de una parada migratoria se tratase, en el lago de la Casa de Campo o a orillas del Manzanares a su paso por Madrid Río. Repiten esos viajes de ida y vuelta día tras día, hasta que a comienzos de primavera llega el momento de partir a sus colonias de cría, y se van. Ese instante, diferente para cada una de ellas, bien podría considerarse el que marca su fin de año... Y el comienzo del siguiente.

El parque de Madrid Río y su entorno

La renaturalización del río Manzanares a su paso por el centro de Madrid, proyecto del ayuntamiento a partir de 2016 a propuesta de Ecologistas en Acción, puso fin al abandono de un río que había terminado por convertirse en un canal de aguas residuales. La sustitución de los malos olores por una próspera y fresca vegetación de ribera trajo consigo la casi inmediata llegada de aves como ánade azulón, gallineta común, garza real, garceta común, chorlitejo chico, agachadiza común, martín pescador, etc. Además de gaviotas sombrías y reidoras, las más abundantes, en Madrid Río se han visto otras especies como argénteas, patiamarillas o cabecinegras. Lamentablemente, en fechas recientes el mismo ayuntamiento decidió instalar en la zona una más que excesiva iluminación artificial, ¡e incluso realizó una mascletá!

En cuanto al parque Madrid Río, consistió primero en el soterramiento de la vía M-30 y después en la creación de un gran parque a partir de un concurso de ideas asimismo convocado por el ayuntamiento en 2005 y llevado a cabo entre los años 2006 a 2012. Está, además, muy próximo a la Casa de Campo, con un gran lago en el que descansan diariamente en otoño e invierno cientos de gaviotas, y en cuyas zonas arboladas se pueden encontrar numerosas aves forestales: trepador azul, picogordo común, paloma zurita, pico menor, autillo y muchas otras especies.

Lago de Casa de Campo

Rutas migratorias principales de las poblaciones de gaviota sombría que vienen a España a pasar el invierno o atraviesan nuestra geografía durante sus viajes.

- Zona de cría
- Zona de invernada
- Presente todo el año
- Rutas migratorias

OCÉANO ATLÁNTICO

Mar Mediterráneo

Los viajes de las gaviotas sombrías

Invernan en nuestro país, o pasan por aquí rumbo a las costas del noroeste de África, gaviotas sombrías de dos subespecies: *Larus fuscus graellsii* y *Larus fuscus intermedius*. Las primeras se distribuyen durante la temporada de cría por las zonas más occidentales de Europa: Islandia, islas Feroe, islas británicas, Países Bajos o Francia. Las segundas tienen colonias más al norte: Alemania, Dinamarca, costa de Noruega o suroeste de Suecia. Muy de tarde en tarde se detecta además alguna *Larus fuscus fuscus* oriunda de Finlandia.

La mayor parte de los ejemplares anillados registrados aquí provienen, en cualquier caso, de Reino Unido, Irlanda, Países Bajos y Noruega. Llegan a partir de agosto y sobre todo entre septiembre y noviembre. A partir de esas fechas, y hasta marzo o abril, sus principales áreas de distribución son las costas atlánticas y parte del Mediterráneo, y, desde hace unas décadas, zonas del interior como Madrid.

Cuando abandonan Iberia de regreso al norte, y cuando tras criar retornan, es posible detectar fuertes movimientos de estas aves desde promontorios como el cabo de Estaca de Bares, en el norte de Galicia. Aunque no todas viajan siguiendo la costa: como se ha podido comprobar mediante marcajes con sistemas basados en el GPS y similares, muchas cruzan Iberia por el interior.

Según el *III Atlas de las aves en época de reproducción en España* de SEO/BirdLife, en nuestro país invernan cerca de 320.000 ejemplares, lo que equivale a cerca de la cuarta parte de la población europea, estimada en 1.300.000 por BirdLife. Además, existen pequeñas colonias de esta especie en el delta del Ebro y en Galicia, y parejas aisladas en otros lugares de nuestra geografía.

GAVIOTA SOMBRÍA
A la sombra del faro

Islas Sisargas, donde comienza A Costa da Morte. La linterna del faro está encendida, pero sus haces —tres destellos, una pausa— aún no le ganan la partida a los últimos rayos del sol, que se pone mucho más allá del finisterre. En una explanada en el centro de la isla se arremolinan decenas de gaviotas. La mayoría, las patiamarillas, ocupan el exterior, y parece que cercan a un grupo de sombrías de manto oscuro. Entre el griterío es difícil saber quién es quién, pero en ocasiones se pueden percibir las diferencias, sobre todo en la característica letanía, la llamada larga, más aguda y chillona en las patiamarillas, más lenta, de tono ronco y apagado en las sombrías. Cerca del faro, las bocinas de niebla hace mucho que no lanzan sus aullidos, el único sonido que era capaz de superponerse al griterío de las gaviotas.

ÁNSAR COMÚN

Enero

RESERVA NATURAL DE LAS LAGUNAS DE VILLAFÁFILA,
CASTILLA Y LEÓN

CADA VEZ MENOS

No se los ve. La niebla es demasiado espesa todavía. Pero se los escucha. En la distancia. Suenan a ecos fantasmales: a graznidos atrapados en un bucle temporal por este opaco y frío amanecer zamorano, que podría ser tanto el de hoy mismo como el de cualquier otra época.

Posado en un poste, un búho campestre los escucha. De tan quieto, parece más una efigie que un ser vivo. Sus amarillos ojos no ven por ahora más allá de un par de metros. Más bien parece que miran hacia dentro, de tan estáticos y serenos. Hasta que, como si fuera resultado de una profundísima introspección, el pico del búho se abre y asoma por él no una juiciosa sentencia, sino una egagrópila, que cae hasta el pie del poste. Cilíndrica y gris, está integrada por el pelaje y los huesos de un par de topillos.

No deja de haber algo de filosofía en ella: parte de los mismos roedores que hace unas horas correteaban y agujereaban ese mismo suelo regresa ahora a él. A su manera, representan otro bucle. Polvo somos, y esas cosas. La niebla comienza a disiparse.

Lealtades y cambios

Mientras ya se distingue lejana la población de Villafáfila, algunos de los ánsares comunes que aguardaban graznando en la Salina Grande extienden sus alas y echan a volar hacia un campo próximo.

El búho que los escuchaba los observa ahora circunspecto. Él pertenece a una estirpe nómada. Los suyos no van y vienen entre latitudes exactas, como los ánsares y otras aves. Este ejemplar, por ejemplo, ha llevado una vida como de mochilero con todo el tiempo del mundo. Ha visitado lugares tan distantes como la reserva natural Nenetsky, a orillas de los mares de Pechora y

Barents en el noroccidente de Rusia. También el entorno de Ekaterimburgo en el suroeste del mismo país. Y de camino, y de regreso aquí, gran parte del centro de Europa. Algún otro como él, nacido en esta misma meseta, ha optado sin embargo por explorar tanto el desierto del Sahara como el sur de Italia y los Balcanes. Otros más han trazado rutas igual de dispares.

Todo lo contrario que los ánsares, que ya se van posando no lejos de un grupo de avutardas. Ellos sí son fieles a las rutas tradicionales de su tribu. Están aquí porque es enero. Comenzarán a marcharse en febrero. Entonces, con lealtad a sus costumbres, seguirán la misma ruta que sus antepasados.

Pero son cada vez menos. La cifra de ánsares invernantes en esta meseta se ha convertido en los últimos años en una fracción minúscula de la que se registraba hace tres décadas. Aquella inmensa nación alada que llegaba cada otoño para colmar con sus bandadas y su estrépito estos campos y lagunas es hoy un recuerdo. Y un mensaje, también.

Escuchar a los números

La frase hecha «Los números hablan por sí solos» se puede adaptar aquí como «Los ánsares hablan por sí solos». Si para hacer el siguiente cálculo tomamos a cada ánsar por una unidad, y convertimos esa unidad en una voz, en este caso un graznido, el resultado, de tan claro, no precisa traducción al castellano ni a ningún otro idioma humano: a finales del siglo pasado llegaron a censarse aquí mismo más de 39.000 ánsares, hace una década ya no eran ni la cuarta parte y estos últimos años rondan los 600. La pérdida es próxima al 98,5%.

Abandona la Salina Grande una bandada más. Deja en esas orillas, entre otras aves, a numerosos tarros blancos. Hace treinta años estos patos apenas se veían aquí. Hoy crían e invernan en creciente número. Otro cambio. Hay más. Han cambiado tam-

bién, por ejemplo, las temperaturas medias. Las de aquí y las globales. Y el manejo de este territorio, cada vez más sobreexplotado por unas prácticas agrícolas intensivas que, como en tantos otros lugares, bailan al compás de las demandas de ciertos mercados. Como consecuencia, han cambiado asimismo los números de muchas de las aves de este paisaje: calandrias, alondras, cogujadas comunes, gangas ortegas, sisones comunes, aguiluchos cenizos... Sus voces también suenan cada vez menos.

Ahí en su poste, con su filosófica egagrópila a sus pies, y en su condición de nómada que ha visto mucho mundo, el búho campestre ciertamente parece el emblema de algún tipo de sabiduría.

Cuando pasan sobre él algunos ánsares comunes más, los observa como si comprendiera algo muy importante. Algo capaz de explicar lo inexplicable. Cierra sus amarillos ojos. Se lo guarda para sí.

La Reserva Natural de las Lagunas de Villafáfila

A un paso de Benavente, en Zamora, está integrada por tres lagunas (Salina Grande, Barillos y Salinas) y otros humedales de menor tamaño. También por una inmensa agroestepa, que es hogar del 10% de la población mundial de avutarda. Grullas, avefrías, chorlitos dorados europeos y grandes números de anátidas son parte inseparable de su paisaje invernal.

En primavera crían en las lagunas, entre otras, pagaza piconegra, avoceta común, cigüeñuela común, tarro blanco, aguilucho la-gunero occidental, chorlitejo chico, gaviota reidora o zampullín cuellinegro. Al mismo tiempo, los campos del entorno bullen con la actividad de cernícalos vulgar y primilla, aguilucho cenizo, culebrera europea, águila calzada, abejaruco común, terrera común, alcaraván, sisón común, búhos campestre y chico, calandria, gorrión chillón, mochuelo europeo, ganga ortega e incluso águilas real e imperial, entre muchas otras especies. En las migraciones, además, se detectan buenas cifras de aves limícolas.

Entre sus mejores observatorios destacan el de Otero de Sariegos, el de la Laguna de La Fuente y el de Barillos. La Casa del Parque "El Palomar", a 1,5 km del casco urbano de Villafáfila, es otra parada imprescindible.

Lagunas de Villafáfila

OCÉANO ATLÁNTICO

Mar Mediterráneo

Rutas migratorias principales de las poblaciones de ánsar común que vienen a España a pasar el invierno.

- Zona de cría
- Zona de invernada
- Rutas migratorias

Los viajes de los ánsares comunes

Hasta hace un cuarto de siglo las concentraciones de ánsares comunes eran uno de los grandes espectáculos naturales de invierno de las marismas de Doñana, y de las lagunas de La Nava y Boada (Palencia) y Villafáfila. Pero en sus actuales migraciones otoñales estas aves ya no viajan tan hacia el sur como antes. Países Bajos, Francia y su entorno, antaño lugar de parada para ellos, se han convertido en su nuevo destino principal durante los meses fríos. Los que siguen volando hasta aquí, además, llegan cada vez más tarde, y se marchan antes. Su invernada, que antes iba de octubre a marzo, empieza ahora un mes después y acaba también casi un mes antes.

Las tribus de ánsares comunes abandonan a comienzos del otoño sus áreas de cría en Noruega, Suecia, Dinamarca o Alemania. Los noruegos solían partir antes, para tomarse luego más tiempo de estancia en Países Bajos. Y lo mismo en su regreso primaveral hacia el norte. Sus rutas tradicionales hacia el sur, bien conocidas gracias al marcaje con collares de PVC señalizados con códigos alfanuméricos fáciles de leer desde la distancia, incluían el salto a Dinamarca desde el sur de Suecia o de Noruega y, tras esa estancia en humedales de Países Bajos, el vuelo sobre el interior y luego la costa de Francia para entrar en Iberia sobre el extremo occidental de Pirineos y la costa cantábrica.

Los grupos que tenían como destino las marismas de Doñana se detenían brevemente en La Nava, Boada o Villafáfila antes de seguir hacia el sur sobre territorio extremeño. En el seco año de 2024 SEO/BirdLife advirtió de que en Doñana apenas se censaron 4.200 ejemplares cuando las cifras tradicionales rondaban los 40.000-50.000 ejemplares.

ÁNSAR COMÚN
Estoy aquí...
¿Dónde estás tú?

El gangueo de los gansos, los ánsares comunes, se ha estudiado en detalle. Konrad Lorenz, aquel científico afortunado que vivía el día a día como un miembro más de una bandada, escribió un libro: Estoy aquí... ¿dónde estás tú?, la traducción directa del reclamo de contacto en vuelo —«¡gang-gang!»—. En él define el repertorio de señales acústicas de los ánsares para socializar, con nombres como «redoble de grupo», «grito de triunfo», «graznido fluido», «graznido acuciante», «sonido del llanto», «sonido de lamentación» y «de ausencia», del «buen gustar»...

Cada año los ánsares comunes vienen a la península en menor número. Hay que imaginar su decepción cuando, después del largo viaje, llegan a su casa, a las lagunas esteparias o a las marismas del sur, y las encuentran secas. Muchos de ellos ni lo intentan. Ya no están aquí. Y nosotros ¿dónde estamos?

ESPÁTULA COMÚN

Enero

MARISMAS DEL ODIEL, ANDALUCÍA

LAS AUDITORAS DE LAS MARISMAS

Vistas de lejos, recortadas contra el reflejo del sol sobre las aguas someras donde se alimentan, con sus cuellos inclinados hacia delante y sus largos picos sondeando los fondos, más que espátulas parecen aspiradoras. Y en plena competición: a ver cuál de ellas deja más limpia la franja de resplandor que le ha tocado.

Más allá, en las orillas, otras aves van picoteando el limo igual que buscadoras de tesoros. Son chorlitos y chorlitejos, cigüeñuelas y avocetas, zarapitos, agujas, archibebes, correlimos... Los formatos de sus picos no pueden ser más diversos: breves, medianos, largos, rectos, curvados hacia arriba y hacia abajo...

Aún más distantes, varios flamencos pasean introduciendo en el agua los suyos. Cada vez que yerguen sus sinuosos cuellos, es como si dijeran con orgullo: para picos especiales, los nuestros.

Un sistema de garantía

Algunas espátulas despliegan sus alas y vuelan a un rincón de la isla de Enmedio, donde se posan. Es un buen momento para fijarse en esos picos suyos, no menos llamativos que los de flamencos, zarapitos o avocetas. Son largos y planos, y de ancho y redondeado extremo. De ahí su nombre. Podrían tomarse por meras extravagancias biológicas. Pero lo cierto es que, como los de las otras aves, son auténticas herramientas de precisión.

De hecho, considerados en conjunto todos esos picos tan diferentes, es como si su función fuese más allá que proveer de alimento a sus propietarias. Como si tanto las espátulas como todas esas limícolas, y los flamencos, y el resto de especies que pasan aquí largas o breves temporadas, integrasen la más completa y exigente brigada de auditores que jamás haya aterrizado en una empresa.

La empresa es en este caso las marismas del Odiel, inmediatas a la ciudad de Huelva, su puerto y ese paisaje petroquímico que llaman el Polo Químico. Si en este último son constantes las revisiones, comprobaciones y controles, a fin de mantener la vigilancia sobre sus diferentes procesos industriales, las aves que pueblan las marismas funcionan como verdaderas verificadoras de la calidad de este espacio natural. Su presencia diaria, sus cifras y su diversidad son su certificado de garantía.

Un equipo internacional

Sin que las del Odiel sean las marismas perfectas (les afectan diversos vertidos, la ocupación de sus orillas, la existencia de vegetación exótica invasora...), a juzgar por la cantidad de aves que la utilizan a lo largo del año todavía mantienen un estado que obliga a su constante vigilancia. Y no ya para que no empeore, sino para que recupere lo perdido.

¿Qué opinarán sobre eso las espátulas? Su forma de escanear los fondos cuando se alimentan las convierte en grandes expertas en este ecosistema. Si pudiesen contarnos, quizá comenzasen por comparar este espacio con otros que conocen. Por aquí pasan ejemplares de toda Europa occidental: Francia, Países Bajos, Alemania, Dinamarca... Algunos lo hacen de ida o vuelta de sus destinos africanos. Otros, como estos de hoy, se quedan en invierno. Hay además muchos que no viajan: han nacido en este mismo lugar.

Aprovechando la ocasión, quizá quisieran añadir que se tienen a sí mismas por auditoras de algo más. Que su presencia en este y otros lugares es prueba de que, cuando la humanidad quiere, es capaz de recuperar a una especie como la suya: tras ver reducida al mínimo su población a causa de la destrucción de humedales, una serie de entusiastas proyectos han conseguido recuperarla. Pero eso no es todo —dirían quizás también—, pues las espátulas son además auditoras de la enorme capacidad de la ciencia ciudadana como fuente de información: ahí están como ejemplo el Grupo de Seguimiento de la Espátula Común (GRUSEC), que promueve los censos de invierno de esta especie en España, o el programa «Limes platalea», de la Sociedad Gaditana de Historia Natural, que estudia su migración por el corredor migratorio Playa de la Barrosa-Cabo Roche, en Cádiz. También el diario apunte, por parte de gente pajarera de toda Europa, de las combinaciones de anillas de colores que muchas de estas aves llevan en sus patas, una información clave para estudiar sus movimientos tanto locales como transcontinentales.

Seguro que las espátulas tendrían varios informes más que entregar, pero van guardando sus herramientas de precisión bajo sus alas y se disponen a descansar. Lo cual no deja de ser una auditoría más: la de la tranquilidad que aquí encuentran.

El Paraje Natural Marismas del Odiel

Amparadas entre otras categorías como Paraje Natural, Zona de Especial Protección para las Aves, Lugar de Importancia Comunitaria y Reserva de la Biosfera, las marismas del Odiel están situadas frente a la ciudad de Huelva, en las desembocaduras de los ríos Tinto y Odiel. La mejor manera de visitarlas es acudir al Centro de Visitantes Anastasio Senra, a fin de acopiar información sobre sus diferentes senderos, con observatorios hacia sus juncales, lagunas como la de Calatilla y varias salinas. Su diversidad de espacios se completa con los bosques de El Almendral, El Acebuchal y La Cascajera.

La isla de Enmedio, a la que no se puede acceder, se contempla mejor desde el observatorio de la isla de Bacuta, al que se llega por el sendero Calatilla de Bacuta. Cada primavera se instala en ella una de las colonias de espátula común más importantes de Europa. Otras especies reproductoras en este paraje natural son garzas real e imperial, cigüeñuela común, canastera común, charrancito común, calamón común, fumarel cariblanco e incluso águila pescadora, gracias a un proyecto de reintroducción. En las migraciones se presenta una muy amplia variedad de aves.

Marismas del Odiel

Mar
Mediterráneo

OCÉANO ATLÁNTICO

Rutas principales de las poblaciones de espátula común que vienen a España a pasar el invierno o atraviesan nuestra geografía durante sus viajes

- 🔴 Zona de cría
- ⚫ Zona de invernada
- 🟣 Presente todo el año
- ⇄ Rutas migratorias

Los viajes de las espátulas comunes

No ha terminado cada año cuando alguna de las espátulas comunes que invernan en la costa noroccidental de África comienza a desplazarse hacia el norte. La inmensa mayoría de ellas se concentran en esta estación en el Parque Nacional del Banco de Arguin, en el litoral norte de Mauritania. Las primeras en partir suelen ser aves españolas, seguidas a lo largo de enero y hasta marzo por ejemplares del resto de Europa occidental. Su ruta las lleva sobre el litoral marroquí e Iberia rumbo a sus colonias en Francia, Países Bajos (donde ha pasado de menos de 150 parejas a finales de los años sesenta del siglo pasado a más de 2.000 gracias a diversos programas de recuperación), Alemania o Dinamarca. El regreso hacia el sur se extiende desde agosto hasta noviembre. Durante esos viajes, varios humedales españoles y marroquíes funcionan como paradas vitales.

Antes de cruzar el mar hacia Marruecos, en torno a 20.000 de ellas atraviesan el «Corredor Migratorio Playa de la Barrosa-Cabo Roche», desconocido hasta que fue descubierto en 2012 por la Sociedad Gaditana de Historia Natural.

Las reproductoras en el este de Europa migran tanto sobre Italia como sobre los Balcanes, rumbo a Túnez, Egipto o Sudán.

En España también existen varias zonas de invernada de espátulas. Destacan entre ellas la bahía de Santander, la ensenada de O Grove, la bahía de Cádiz, las marismas del Odiel y sobre todo Doñana. La población reproductora en nuestro país, catalogada como «vulnerable» en el *Libro Rojo de las Aves de España* de SEO/BirdLife, tiene sus principales bastiones en el espacio natural de Doñana y las marismas del Odiel, y parte de sus aves se comportan como sedentarias.

ESPÁTULA COMÚN
En las pajareras

Mucho antes de que los aficionados a la observación de aves silvestres se autotitularan «pajareros» y «pajareras», las espátulas ya habían tomado posesión de determinados espacios bautizados con la variante femenina del término. En las marismas y albuferas de Andalucía las «pajareras» son unos grandes árboles elegidos por multitud de aves para criar en comunidad. Alcornoques centenarios, como los célebres y ya desaparecidos de la vera de Doñana, masas de tarayes, grandes sauces, algunos eucaliptos, sirven de soporte para garzas, garcillas, garcetas, cigüeñas, moritos y espátulas, entre otras aves de zancos largos, que hacen equilibrios imposibles en unas ramas flexibles, sacudidas por los vientos costeros. Allí, entre contorsiones y aleteos que hacen zumbar el aire, emerge un clamor, un auténtico guirigay de voces ásperas, graznidos guturales, chasquidos, crotoreos... y los gruñidos sordos, discretos, de las llamativas y esbeltas espátulas comunes.

CERCETA COMÚN

Febrero

PARQUE NATURAL EL HONDO,
COMUNIDAD VALENCIANA

INTELIGENCIA CERCETA

Con cada soplo de brisa el carrizal se estreme-
ce con diligencia de sismógrafo. O de multitud
atenta. Una multitud, eso sí, muy educada y
discreta. Como mucho, corre por ella un rumor
leve, provocado por el roce de sus largas hojas.
Es como si se diesen codazos suaves y se habla-
sen con susurros. A veces, también, es como si
tuvieran noticias de alguna inminencia secreta
que el resto de este paisaje todavía ignora, y los
carrizos se la anunciasen unos a otros y luego
se chistasen para que la confidencia no salga de
ahí. Para que ni la brisa se entere.

Aunque tampoco es que tengan mucha novedad
ante sí. No hay nada fuera de lo habitual de lo
que avisarse, de lo que sorprenderse, de lo que
cuchichear. Como tantos días de febrero, hoy las
horas van pasando por este rincón del Parque
Natural de El Hondo, en el sur de Alicante, sin
noticias de alcance.

Lo que los carrizos tienen ante sí es primero una
extensa lámina de agua, y luego más carrizos
como ellos, por entre los que asoma un par de
observatorios y, ya muy lejos, la silueta recorta-
da de las sierras prebéticas. Sobre todo ello se
extiende un cielo hoy muy azul, por el que se
dejan ver cada poco grupos de avefrías o de flamencos, algún aguilucho lagunero, o un águila
moteada o calzada, además de pandillas de garcillas bueyeras, moritos, grajillas, agujas colinegras y otros limícolas... Y muchas otras especies,
que van y vienen cambiando de sitio por los más
diferentes motivos. Todas ellas, según pasan, se
reflejan fugazmente en el espejo del agua, donde a su vez reposan más aves, entre ellas patos
como malvasías cabeciblancas, ánades frisos y
azulones, tarros blancos, cucharas comunes, patos colorados, porrones pardos y europeos, cercetas pardillas y comunes...

No, nada nuevo. Nada, en fin, que no suceda aquí
cualquier otro día de pleno invierno.

Bonitas cabezas

Como aburridas de tan bulliciosa falta de novedad, varias de las cercetas comunes dormitan
con el pico vuelto hacia el dorso. Llevan más de
tres meses aquí. Les queda otro más.

Así vistas, como indiferentes a los graznidos y
trompeteos de los demás patos, podría pensarse
que en esas bonitas cabezas, que en los machos
son de color castaño oscuro y atravesadas por
un elegante antifaz verde ribeteado de amarillo,
no cabe sino lo necesario para comer, dormir,
reproducirse y escapar de problemas. Pero ahí
dentro hay mucho más.

Estas, como todas las aves que las rodean, son gente salvaje. Gente que, en algunos casos extremos,

llegan a vivir más de veinticinco años. Dos décadas y media de experiencia. De experiencias. Por ejemplo, en la realización de muy largos viajes. Y no como robóticos drones que obedecen sin rechistar comandos de procesadores, sino como seres dotados de inteligencia natural. En su caso, de una extraordinaria inteligencia cerceta.

Tiroteos nocturnos

Este humedal es uno de los más importantes de España para otra cerceta, la cerceta pardilla, catalogada como «críticamente amenazada» en nuestro país y considerada el pato más amenazado de Europa. Pero en un informe de 2023 varios investigadores adscritos a distintas universidades revelaron que la caza es su principal causa de mortalidad en el sur de Alicante, donde hasta 2024 se podía disparar en horas nocturnas. Ese año, tras una denuncia de la organización Amigos de los Humedales del Sur de Alicante, el Tribunal Superior de Justicia de la Comunidad Valenciana anuló esa posibilidad, argumentando que «las condiciones de visibilidad en que se desarrolla dificultan la identificación de la especie por los cazadores, lo que aumenta el riesgo de que se produzca la muerte accidental de algunos ejemplares de cerceta pardilla...».

Esa «muerte accidental» se derivaría, por ejemplo, de la confusión nocturna entre cercetas pardillas y cercetas comunes, especie no protegida y que sí es cazable en determinadas fechas en esta y otras zonas de España. Según los datos más recientes publicados en la Estadística Anual de Caza del Ministerio de Agricultura, en este país se abaten cada año en torno a 200.000 «aves acuáticas y anátidas». ¿Serán los drones «cazables» en el futuro?

Ellas, las cercetas comunes, siguen durmiendo. Aunque por un instante se han estremecido, como si por sus bonitas cabezas hubiese pasado una inteligente idea cerceta. O una breve ensoñación... Aunque quizá sea solo cosa de la brisa, que ha vuelto a agitar los carrizos.

El Parque Natural El Hondo

Muy cerca de Elche y Crevillente, sus 2.387 hectáreas incluyen dos grandes embalses, varias charcas y amplias zonas de saladar. A su alrededor se extienden áreas de cultivos y palmerales. Aparte de las invernantes, entre sus especies reproductoras están zampullín cuellinegro, fumarel cariblanco, calamón común, charrancito, cigüeñuela, avoceta, canastera común, focha moruna, seis especies de garzas, bigotudo, carricerín real... Y varios patos, entre los que destaca a nivel europeo su población de cerceta pardilla.

De hecho, este es uno de los humedales seleccionados para la liberación de ejemplares de esta especie criados en cautividad en el marco de un ambicioso y urgente programa de conservación. Este programa está coordinado por la Fundación Biodiversidad del Ministerio para la Transición Ecológica y el Reto Demográfico y financiado por la Unión Europea, y cuenta con una larga lista de entidades públicas y privadas participantes. Uno de sus éxitos ha sido el aumento de 75 a 130 parejas reproductoras en toda España entre 2023 y 2025.

Cuenta con varias rutas que incluyen senderos, pasarelas y observatorios. Y con un centro de visitantes cerca de la pedanía de San Felipe Neri.

Parque Natural El Hondo

Rutas migratorias principales de las poblaciones de cerceta común que vienen a España a pasar el invierno o atraviesan nuestra geografía durante sus viajes.

● Zona de cría
● Zona de invernada
⇄ Rutas migratorias

OCÉANO ATLÁNTICO

Mar Mediterráneo

OCÉANO ÍNDICO

Los viajes de las cercetas comunes

Sus movimientos en el espacio europeo son algo complejos: la mayoría de las aves de Islandia migran a las islas británicas, mientras que las del norte de Rusia, los países bálticos, Escandinavia, Polonia, Alemania y Dinamarca se desplazan hacia el suroeste, principalmente a los Países Bajos, islas británicas, Iberia y Marruecos. Un estudio indica que las que invernan en Francia provienen sobre todo de Rusia occidental y Finlandia, mientras que las que crían en los Países Bajos, islas británicas, Francia y sur de Europa suelen ser residentes.

Las cercetas comunes que crían en el norte de Europa y Rusia, algunas de estas últimas muy al norte y al este, comienzan a desplazarse tras la temporada de cría ya en pleno verano. Pero es sobre todo en octubre y noviembre cuando llegan de forma más intensa tanto a Iberia como al resto de Europa occidental.

El promedio de la población invernante en España (con fuertes variaciones interanuales, quizás ligadas a olas de frío, si bien esto se ha discutido) entre 1997-2016 fue de cerca de 93.000 ejemplares, concentrados sobre todo en el delta del Ebro, las marismas de Doñana y grandes embalses del interior, así como en la albufera de Valencia, los Aiguamolls de l'Empordà, la laguna de Pitillas y el Parque Natural El Hondo.

La migración primaveral comienza a partir de finales de febrero, pero sobre todo en marzo-abril, si bien las zonas de cría más septentrionales no se ocupan hasta finales de mayo. Tanto en otoño como en primavera, las cercetas comunes migran en bandadas y sobre todo de noche. Por otro lado, en España crían algunas parejas, muy dispersas por nuestra geografía.

CERCETA COMÚN
Como un patito de goma

En cuestiones de sonido, el tamaño importa. En general, los cuerpos grandes emiten llamadas más graves y lentas que los más ligeros. Los grandullones tienen la voz más pesada que los pequeños. Esa comparación es fácil de hacer en las lagunas donde se encuentran diferentes especies de anátidas. Las hembras de los ánades azulones lanzan constantemente su reclamo, el llamado «parpar», una serie de notas como una risotada descendente. Junto a ellas, las hembras de cerceta común replican la secuencia, pero con un tono mucho más agudo, más rápido. Suenan como un patito de goma. A su alrededor los machos nadan en flotilla al tiempo que emiten unos silbidos cortos, líquidos, agudos… Como corresponde a estos patos en miniatura.

MIRLO CAPIBLANCO

Febrero

PARQUE NACIONAL DEL TEIDE, CANARIAS

EL JARDINERO FIEL

Los colores que se suceden según se contemplan los volúmenes volcánicos de estas cumbres de Tenerife, a más de 2.000 m de altura y justo a los pies del Teide, parecen los de un taller de alfarería.

Emergiendo de un blanco mar de nubes, y bajo el más perfecto azul celeste, la mirada, según recorre cañadas, roques, coladas, cortados o anfiteatros, se colma de ocres y de mostazas, de canelas y de ámbares, de sienas y cobres, de amarillos, pardos, caobas, grises, óxidos... Hay también algunos verdes.

Entre estos últimos destacan, a menudo dispersos, los verdes glaucos de un tipo de enebros que, en todo el planeta, solo crecen en este archipiélago y en la isla de Madeira: los cedros canarios.

Son árboles de tronco rotundo, siluetas modeladas por la intemperie y hojas perennes en forma de agujas largas y delgadas. Entre ellas crecen unos frutos casi redondos, del tamaño de canicas grandes y de consistencia carnosa, que en botánica se denominan «gálbulos».

Una visita a la abuela

Los cedros canarios no son muchos. De hecho, su especie está catalogada como amenazada a nivel global. Pero son resistentes. Tienen que serlo para vivir en un paisaje como este.

En el lugar llamado Montaña Rajada hay uno que lleva mucho tiempo creciendo en estos suelos pobres, resistiendo tanto erupciones volcánicas como esos vientos helados que aquí llaman «centelladas», además de calores estivales o nevadas invernales y, por supuesto, la insolación consecuencia de la altura. Mediante pruebas de carbono 14, se le ha estimado una edad de más de 1.100 años. Es un árbol hembra.

A cierta distancia de allí otro cedro hembra más se descuelga de una pared vertical. Su tronco se ha convertido con los años en una trenza de madera. Su follaje es escaso. Se ha afirmado que es el árbol datado (es decir, de edad no estimada, sino calculada científicamente) más longevo de toda la Unión Europea. En 2020 se le calcularon al menos 1.481 años.

Hay otros muchos cedros canarios veteranos en este lugar. Árboles únicos que se asoman como muy pocos otros a los abismos del tiempo. Y que dependen totalmente de esos frutos suyos, esos gálbulos, para tener descendencia.

Un mirlo capiblanco llega volando hasta uno de esos cedros, otra matriarca más, y, sin aparente respeto por su venerable edad, arranca y se traga uno de sus gálbulos. Y después, otro.

El pájaro se traga un tercer gálbulo. Aunque queda muy poco para que termine febrero, y ya se advierte cómo los días se alargan, estos días el frío está siendo intenso aquí arriba. Un poco más de lo habitual. Quizá sea eso lo que acentúe su apetito, cavila Juanjo.

Desde que llegan a comienzos de noviembre y hasta que se van entre marzo y los primeros días de abril, los mirlos capiblancos que invernan en estos parajes se alimentan casi en exclusiva de los gálbulos de los cedros canarios. Pero eso, lejos de suponer un problema para estos árboles únicos, es para ellos una enorme ventura.

Porque resulta que el paso de las semillas que guardan esos gálbulos por el tracto digestivo de los capiblancos tiene en ellas un efecto potenciador de su germinación. Y que estos pájaros, con sus idas y venidas por estos parajes, las van sembrando en forma de excremento en cuantos rincones van visitando, algunos muy distantes de donde las cosecharon. Lo cual los convierte en sus principales dispersores.

A Juanjo siempre le ha fascinado esta relación de dependencia mutua entre estos árboles milenarios y centenarios y unas aves viajeras que se instalan aquí cada invierno procedentes de zonas muy lejanas y que no llegan a vivir más de diez años.

El mirlo capiblanco abandona el cedro y se va volando. Poco después comienza a soplar un aire peor que helador.

Cosecha y siembra

Desde la distancia, el ornitólogo Juanjo Ramos Melo observa la escena con sus prismáticos y se sonríe. Ese mirlo lleva en sus patas una combinación de anillas de colores que él mismo le puso el invierno pasado, en el marco de un proyecto de seguimiento de esta especie aquí en el Parque Nacional del Teide.

Juanjo decide marcharse también. Camino de su coche, eleva su mirada hacia la cumbre del Teide. Los guanches lo llamaban Echeyde, según recogieron los primeros historiadores castellanos tras la conquista de esta isla a finales del siglo xv. Por aquellos tiempos esos cedros más longevos llevaban ya siglos siendo visitados cada invierno por sus fieles y viajeros jardineros, y entregándoles el futuro de su estirpe.

El Parque Nacional del Teide

Tenerife brinda innumerables oportunidades para el pajareo, desde la observación del paso otoñal de aves marinas desde el faro de Buenavista hasta el paseo por las frescas laurisilvas del Parque Rural de Anaga o las áridas soledades del Parque Rural de Teno. Pero son sin duda el Parque Nacional del Teide y su entorno, el Parque Natural de la Corona Forestal, los grandes atractivos naturales de esta isla. No en vano protegen las laderas y cumbre del pico más alto de España y, a la vez, del tercer mayor volcán de la Tierra desde su base en el lecho oceánico.

Además de los mirlos capiblancos invernales, a lo largo del año pueden observarse en varios puntos de ambos espacios naturales gran diversidad de especies, muchas de ellas endemismos tinerfeños, canarios o macaronésicos. Recorriendo por ejemplo lugares como el entorno de los jardines del Centro de Interpretación de El Portillo, o los pinares de las zonas recreativas de Las Lajas, Chío, Ramón Caminero y La Caldera, no es complicado encontrar bisbita caminero, pinzón azul de Tenerife, mosquitero canario, serín canario, herrerillo canario, vencejo unicolor, pico picapinos, halcón tagarote, perdiz moruna… Y muchas otras especies.

Parque Nacional del Teide

Rutas principales de las poblaciones de mirlo capiblanco que vienen a España a pasar el invierno o atraviesan nuestra geografía durante sus viajes.

- Zona de cría
- Zona de invernada
- Presente todo el año
- Rutas principales de la subespecie *Turdus torquatus torquatus* que invernan en España o atraviesan nuestro país durante sus migraciones.
- Rutas principales de la subespecie *Turdus torquatus alpestris* que invernan en España o atraviesan nuestro país durante sus migraciones.

OCÉANO ATLÁNTICO

Mar Mediterráneo

Los viajes de los mirlos capiblancos

Los mirlos capiblancos europeos se dividen en dos subespecies: *Turdus torquatus torquatus* (es la que se reproduce en las islas británicas, Escandinavia y el noroeste de Rusia) y *Turdus torquatus alpestris* (la que lo hace en el centro de Europa, así como en Pirineos y los Picos de Europa). La segunda muestra un plumaje de aspecto más escamado como consecuencia de los anchos bordes pálidos que este presenta. Una tercera subespecie cría desde Turquía hasta Irán.

Los reproductores británicos y escandinavos vienen a pasar el invierno en el sur de España y el noroeste de África. Abandonan sus zonas de cría ya en septiembre, pero no suelen llegar a sus destinos definitivos antes de mediados de octubre, y sobre todo en noviembre. Regresan entre marzo y abril, y llegan a Gran Bretaña en marzo y a Noruega entre abril y mayo. La subespecie *alpestris* también se desplaza hacia el oeste y suroeste, por lo que en pleno invierno podemos encontrar a una y otra en sus zonas de invernada en nuestro país. Estas incluyen áreas de montaña sobre todo del sureste, así como las cumbres de Tenerife. Durante sus pasos migratorios pueden encontrarse mirlos capiblancos, además, en áreas elevadas tanto próximas a la costa como del interior.

Durante la invernada esta especie contribuye a la dispersión de semillas de enebro común o sabina en lugares como el sistema Ibérico, o de enebro rojo en el Alto Atlas marroquí. Y, por supuesto, de manera fundamental, a las del amenazado cedro canario, motivo por el que es objeto de un seguimiento anual en el Parque Nacional del Teide.

MIRLO CAPIBLANCO
Los sonidos del silencio

En la inmensidad colosal de las Cañadas, las llanuras encerradas entre muros que rodean el volcán del Teide, impera el silencio. Solo rebuscando mucho, acortando las largas pausas en las que no suena nada, destacan las voces simples de algunas aves, como hebras entretejidas en el gran tapiz de silencio. En primer término reclama un mirlo capiblanco, un sonido acorde con el paisaje rocoso, lleno de aristas y bordes irregulares; una copia áspera de su pariente, el mirlo común. Frente al laconismo del capiblanco, un virtuoso alcaudón real ensaya toda la variedad posible de su reclamo elástico, repetitivo. Por encima, las voces roncas de los cuervos, más dados a buscar sus *snacks* entre los desperdicios abandonados por los turistas entre coches y guaguas que a seguir esparciendo las semillas de los cedros. Y de fondo, la nota rítmica, acompasada, de los mosquiteros canarios, un poco de orden, aunque sea sonoro, en el caos mineral de las cañadas que rodean al gran volcán. Y poco más.

MILANO REAL

Febrero

LAGUNA DE GALLOCANTA, ARAGÓN

TARDE DE CIERZO

Parece ir modelando el viento según vuela sin prisa. Incluso se diría, por su manera de maniobrar con sus alas largas y acodadas, y de ladear su ahorquillada cola, que lo que hace es crear todo este paisaje: los páramos, la inmensa laguna, los carrizos, los montes que acogen el castillo de Berrueco... Un demiurgo en plena tarea.

O un mago, por un rato transfigurado en ave rapaz, igual que cuentan que hacían los de la tribu de Merlín. Los matices anaranjados, grises y nacarados de su plumaje serían entonces los de una capa de poder tejida durante una noche sin luna por aquellas brujas que, según cuentan también, venían antaño a reunirse en este mismo lugar.

O un artista, ya que estamos: sus alas como anchos pinceles. Y cuanto lo rodea, el cuadro que está pintando.

Leonardo da Vinci escribió que su primer recuerdo era el de un milano que se posó en su cuna y le introdujo su cola en la boca. Sigmund Freud dedicó páginas y páginas a intentar interpretar esa imagen y su relación con la obra *La Virgen, el Niño Jesús y Santa Ana*. Solo que partió de una traducción equivocada, que decía «buitre» donde debía poner «milano». La *Mona Lisa* retrata mejor que nadie la cara que pusieron algunos al enterarse del error.

Demiurgo, mago, artista... Ya le llegará el momento de ser todas esas cosas. Sucederá cuando, hacia abril, él y su pareja tengan familia en su nido de Austria. Todavía tiene que viajar hasta allí.

Una laguna vocinglera

El viento, un cierzo frío, sopla esta tarde repleto de reclamos: vuelan hacia las orillas de la laguna, para pasar la noche, una bandada de grullas tras otra. Se escuchan antes de verse: sus voces anteceden a sus largas filas, a sus uves y sus uves dobles. Según cae la luz, su campamento nómada crece y crece, gruye y gruye.

Dice una leyenda que fue el astuto Hermes, hijo de Zeus y de la pléyade Maya, quien inventó el alfabeto cuneiforme tras observar las formas que dibujan en el cielo las bandadas de grullas. Hoy, aquí, se diría que fueron también ellas quienes inspiraron la cháchara. Muchas vienen de haber hecho una larga etapa desde Extremadura o Andalucía.

Con un giro repentino, como haciendo un regate a una ráfaga de aire, el milano real desciende veloz entre la hierba alta y seca. Ha capturado algo.

El bocado, quizá un topillo, le vendrá bien para pasar la noche, que sobreviene con prisa. Lo mismo que el calendario. Aún faltan varios días para que termine febrero, pero ya estas dos especies y alguna otra van abandonando Iberia rumbo al norte.

Tres intentos

El año pasado, por estas mismas fechas, el cruce de los Pirineos no le fue fácil. Tuvo que intentarlo hasta tres veces.

La primera se internó por el vall de Cardós, en Lérida. Pero se dio la vuelta cerca de Ribera de Cardós. Las condiciones meteorológicas eran de lo menos adecuadas. Así que regresó a la casilla de salida.

Unos días después probó una opción B. Dejando en esa ocasión a su izquierda Andorra, se dirigió sobre la La Seu d'Urgell hacia Puigcerdá, pero de nuevo sin suerte: allá arriba estaba también feo. Sobre la marcha, se decidió a entrar en Andorra y probar una opción C.

Por fin tuvo suerte. El nevado puerto de Siguer, con casi 2.400 m de altura, estaba abierto para milanos reales. Sobre él y su hermoso Étang Blaou ('lago azul') cruzó hacia Francia, y continuó después para entrar en Suiza por Ginebra. Sobrevoló luego el lago Leman, pasó muy cerca de Berna y Zúrich y, tras dar un rodeo al norte de Múnich, terminó por llegar a su destino en un denso pinar del norte de Austria, cerca de la frontera con Baviera. En total, fueron casi tres semanas de viaje.

Vuelve a alzar el vuelo. Gana rápido altura por entre el aire frío y oscuro y el vocerío de las grullas. Esta vez es como si sus alas y su cola acariciasen una bola de cristal: ¿Qué tiempo hará mañana? ¿Cederá el cierzo? ¿Y pasado? ¿Habrá niebla en los valles? ¿Nevará en los puertos?

Por el momento, lo urgente para él es decidir dónde pasar la noche.

Mientras va rodeando la laguna, sus pinceles retratan un paisaje esfumado de colores cada vez más desvaídos y de sombras más y más oscuras. Hasta que trazan, a lo lejos, un grupo de álamos negros. Al volar hacia allá, su silueta se funde con las formas imprecisas de los árboles.

La laguna de Gallocanta

A 1.000 m de altitud, con hasta 7 km de largo y 2 km de ancho, Gallocanta es la mayor laguna natural de España. Se alimenta de agua de lluvia, lo que provoca grandes variaciones estacionales en su nivel. Su entorno combina estepas y cultivos cerealistas. Un centro de interpretación situado en su orilla sur, varios senderos perimetrales y una serie de miradores y observatorios facilitan la contemplación de su muy diversa población de aves.

Destacan por supuesto sus cifras de grullas, en especial cuando sus bandadas se detienen aquí durante sus desplazamientos de otoño y de primavera, y algunos días se llegan a censar más de 20.000. En ese momento del año es posible detectar aquí, además, cigüeña negra, espátula común, águila pescadora, cerceta carretona o numerosas especies de limícolas, entre muchas otras aves. La temporada de cría se anima con la presencia de culebrera europea, águila calzada, alcotán, aguilucho cenizo, autillo europeo, cigüeñuela común, avoceta común, pagaza piconegra, abejaruco, currucas mirlona y carrasqueña... En invierno las sustituyen miles de anátidas, chorlitos dorados, avefrías o esmerejones. A todas ellas se suma una larga lista de especies residentes.

Laguna de Gallocanta

OCÉANO ATLÁNTICO

Mar
Mediterráneo

Rutas principales de las poblaciones de milano real
que vienen a España a pasar el invierno o atraviesan
nuestra geografía durante sus migraciones.

- Zona de cría
- Zona de invernada
- Ejemplares presentes en invierno
- Rutas migratorias

Los viajes de los milanos reales

En otoño, la mayoría de milanos reales del noroeste de Europa acuden a invernar en el sur de Francia y la península ibérica. Sus orígenes dibujan en el mapa un amplio abanico que abarca desde los Países Bajos hasta el sur de Escandinavia, Polonia y Austria. Muchos de ellos cruzan a Iberia sobre collados pirenaicos como el de Organbidexka, muy próximo a la frontera con Navarra. Allí se han llegado a contar más de 15.000 en una sola temporada entre mediados de agosto y de noviembre. El mayor flujo tiene lugar en octubre. Otra fracción cruza los Pirineos más al este.

A continuación, unos pocos siguen hasta Galicia, pero la mayoría vuelan hacia el suroeste por el valle del Ebro y atraviesan el sur de Navarra, Álava y el norte de Burgos, rumbo al valle del Duero, Extremadura o Andalucía. Son muy pocos los que llegan a cruzar el estrecho de Gibraltar. En los programas de censos dedicados a esta especie se ha llegado a contar más de 60.000 invernantes en nuestro país.

Los adultos abandonan Iberia de vuelta al norte entre la segunda mitad de febrero y comienzos de marzo, mientras que numerosos juveniles permanecen aquí hasta bien entrada la primavera. Si bien esta ruta occidental es la que concentra más aves, algunos milanos de Europa oriental acuden en invierno a Italia y los Balcanes.

En España, además, tenemos una población reproductora catalogada como «en peligro» por el *Libro Rojo de las Aves de España* de SEO/BirdLife, debido a su fuerte declive, causado, entre otros motivos, por envenenamiento, colisiones y electrocuciones, los atropellos o la caza ilegal.

MILANO REAL
En un dormidero invernal

Al atardecer de un día frío y ventoso de invierno, varias decenas de milanos reales sobrevuelan la copa de un gran pino piñonero sacudido por fuertes ráfagas. Flotan en el aire, como cometas, pero ninguno se posa entre las ramas. Muchas aves silban y chillan con una voz aguda, muy distinta al relincho modulado habitual de la especie. Parecida, en realidad, al silbido de los pollos hambrientos en los nidos. Y eso es lo extraño, porque, por lo general, los milanos reales son silenciosos en las áreas de descanso. Es posible que cunda la alarma por la presencia de un depredador, un búho real escondido en la copa del árbol, alguna garduña merodeando por las ramas. O, quizá, silban y gritan porque empiezan a sentir la llamada del viaje, el impulso interior que pocas semanas después hará que se desperdiguen por toda Europa en busca de sus territorios de cría.

GOLONDRINA COMÚN

Febrero

PARQUE NATURAL DEL DELTA DEL EBRO, CATALUÑA

UN SUEÑO DE INVIERNO

Llega volando muy bajo, con breves idas y venidas, como si no tuviera muy claro qué hace tan pronto aquí. Aunque en invierno se ven por aquí algunas, todavía queda para que las suyas formen parte plenamente de este paisaje. De este ancho delta por el que el Ebro se entrega al Mediterráneo.

Pasa junto a las bandas negras y blancas del faro de la Banya, y sobre la larga y dorada playa del Trabucador, y luego muy cerca del mirador que se asoma a la laguna de la Tancada. Recorre después la playa del Serrallo, hasta que alcanza las orillas de la laguna de la Alfacada y a continuación sobrevuela, con giros cada vez más titubeantes, la gola del Migjorn y la isla de Buda. Allí la duda se convierte en definitiva, y tras un amplio giro regresa hacia la Alfacada.

Es todavía temprano. El sol aún no ha asomado sobre el horizonte. Parecen animarlo a salir los chasquidos agudos de las fochas, los bisílabos aflautados de los archibebes comunes, la melodía como de despertador de un cetia ruiseñor, el grito harto de tanta pereza de un rascón común.

La golondrina común vuela sobre todas estas y otras aves, sobre los carrizos y la lámina de agua salpicada de patos. Por momentos, parece que con su vuelo dibuja interrogantes: «¿Qué hago aquí?, ¿qué hago aquí?».

Del ánfora a la poesía

Podría ser, y de hecho es, a su modo, la de aquel ánfora de hace 2.500 años, hallada cerca de Atenas, en la que tres hombres observan una golondrina y celebran, como en un tebeo: «¡Mira, una golondrina!». «¡Sí, por Heracles!» «¡Ya está aquí la primavera!»

Pero todavía quedan cuatro semanas para que cambie la estación. Y como escribió Aristóteles en su *Ética a Nicómaco*: «Una golondrina no hace primavera», refrán que, probablemente desde mucho antes que él, y desde luego hasta hoy, no deja de ser repetido para expresar, como explicó Covarrubias, que solo es primavera «Cuando todas ellas vienen de golpe y no porque una se haya adelantado», y que «Así, ni más ni menos, del testimonio singular de uno no hemos de formar notoriedad, ni de la cosa que es rara, porque acontezca una vez, sacar regla general».

La golondrina, ignorante de esas cosas, sigue dando rápidas vueltas sobre la laguna. Y hasta parece que de esa manera, como quien tira y tira de un hilo, contribuye a que se levante el sol. A que febrero se acerque un poco más a marzo. Así vista, podría también ser esta golondrina, y a su

modo también lo es, la que inspiró a Shakespeare cuando escribió en *Ricardo III* que «La verdadera esperanza es veloz y vuela con alas de golondrina». O, en fin, a tantos poetas, a lo largo de todas las eras. Por ejemplo, a Antonio Machado: «... y las golondrinas se cruzan, tendidas / las alas agudas al viento dorado, / y en la tarde risueña se alejan / volando, soñando...». Pero el sol remolonea.

De tan temprano que es, no hay todavía nadie aquí que la vea. Que la celebre como aquellos griegos del ánfora. Que registre su presencia en un poema, un cuaderno de campo o la aplicación de un móvil.

Una silueta en lo alto

Y eso que, en lo alto de una torre de observación próxima, destaca una figura humana de espesos rizos. Muy quieta, observa algo a lo lejos a través de su telescopio.

Si preguntasen a esa silueta acerca de la golondrina que acaba de aparecer, respondería de inmediato acerca del estatus de esta especie aquí en pleno invierno. Luego añadiría, quizá, más información: qué otras aves en principio propias de la primavera y el verano se han visto aquí, y con qué regularidad, entre diciembre y febrero. Bajo esos rizos se guardaba una inmensa enciclopedia de las aves de este delta del Ebro. Se guardaba, sí, porque esa silueta está ahí en recuerdo del ornitólogo David Bigas, quien dejó de forma definitiva este delta y el mundo en agosto de 2024. En el solsticio de aquel mismo invierno, fue instalada ahí por su familia y sus muchísimos amigos y compañeros. David era una persona muy querida. Esa torre de observación lleva desde entonces su nombre.

La golondrina se acerca a su mirador y vuela a alrededor de él, como si enganchara al edificio ese hilo del que tira y tira. Insisten las fochas, los archibebes, el cetia ruiseñor, el rascón. Y por fin el sol emerge del Mediterráneo, y su luz inunda este paisaje, que de pronto parece casi eterno.

La golondrina, entonces, decide seguir. Vuela hacia la isla de Buda, justo hacia donde apunta el telescopio de David.

El Parque Natural del Delta del Ebro

Situado en el sur de Tarragona, es el segundo mayor humedal de España y el tercer mayor delta del Mediterráneo, y un lugar de extraordinaria importancia para multitud de aves, tanto sedentarias como invernantes y, por supuesto, viajeras. Crían aquí, entre muchas otras especies, gaviota de Audouin y picofina, charranes común y patinegro, fumareles común y cariblanco, charrancito, pagaza piconegra, garcilla cangrejera, garza imperial, garceta grande, flamenco común, pato colorado, ostrero euroasiático, canastera común... En invierno se ha llegado a censar más de 75.000 patos de varias especies y hasta 30.000 fochas comunes. Durante los pasos migratorios, recalan además en las zonas abiertas y orillas de sus muy diversos humedales un sinfín de aves limícolas.

Sus dos centros de información están en Deltebre y junto a la laguna de l'Encanyissada. Sus principales lugares para observar aves son esta última y las lagunas de la Tancada y l'Alfacada, la punta del Fangar, la isla de Buda, la desembocadura del río Ebro, Riet Vell (espacio gestionado por SEO/BirdLife) y las salinas de la Trinidad. Cada septiembre se celebra el Delta Birding Festival, con multitud de actividades.

Delta del Ebro

Rutas principales de las poblaciones
españolas de golondrina común
que vienen a España en primavera o
atraviesan nuestra geografía durante
sus viajes

Zona de cría

Zona de invernada

Presente todo el año

Rutas migratorias

OCÉANO ATLÁNTICO

Mar Mediterráneo

Los viajes de las golondrinas comunes

Así como las golondrinas comunes reproductoras en España invernan en paisajes abiertos del entorno del golfo de Guinea (Burkina Faso, Costa de Marfil, Mali, Ghana...), parte de las que crían en las islas británicas, Francia o Escandinavia llegan hasta el centro o el extremo sur de África. Las nuestras comienzan a volar hacia el norte a lo largo de enero, cuando algunas ya se dejan ver en Andalucía, y en febrero y marzo. Hasta el norte de Europa no suelen llegar antes de mediados de abril, muchas de ellas tras haber sobrevolado Iberia, sobre todo su mitad oriental. Otras cruzan el Mediterráneo hacia Italia o el sur de Francia, o toman rutas más al este, si sus destinos también lo están. Sus viajes tienen lugar de día.

Su vuelta al sur es muy similar. Comienza en algunos casos ya en agosto, y se prolonga hasta octubre. Dos golondrinas marcadas por SEO/Birdlife en Madrid con geolocalizadores en 2012 partieron en septiembre y volaron durante cuarenta días hasta zonas de sabana y de bosque tropical en África occidental.

Dos años después, en 2014, la golondrina común fue designada Ave del Año 2014 por esa misma organización. La elección se debió al fuerte declive poblacional de esta especie en toda Europa y España: según el *Libro Rojo de las Aves de España*, esta pérdida, de alrededor de quince millones de golondrinas, se debe sobre todo a la intensificación agrícola, el uso de pesticidas, la destrucción de nidos y la escasez de lugares de nidificación, los atropellos y colisiones (incluidas las colisiones contra aerogeneradores) y las consecuencias de la crisis climática. Esto último provoca también que cada vez más ejemplares inviernen en el suroeste de España, y algunos incluso en las islas británicas.

GOLONDRINA COMÚN
Anuncio de otoño

Una golondrina no hace primavera. Pero muchas de ellas alineadas, como notas musicales, en los cables paralelos de un tendido eléctrico, parloteando y dando vuelos cortos para volverse a posar, sí anuncian el otoño. Las golondrinas que llegaron meses atrás se reúnen ahora para irse todas juntas. Y por unos días la cháchara estridente, distorsionada, de decenas de las aves más charlatanas de nuestra fauna anima el ambiente otoñal de los pueblos. «Trisar» se llama su canto, por la repetición de una pequeña palabra, «trrrsss», intercalada como una clave a lo largo de todo el parloteo. Lejos, dobla una campana. Su llamada fúnebre anuncia que avanzamos hacia la fecha de noviembre, también fúnebre, en la que el otoño bascula hacia el invierno. El día en el que todas las golondrinas habrán de estar ya en el sur, en busca de su eterna primavera.

CANTANDO VAN

Un carricero políglota canta encaramado en una caña, en las orillas de un lago de la isla báltica de Åland, a mitad de distancia entre las costas suecas y las finlandesas. Erguido, muy estirado, lanza un largo parloteo, una serie vibrante de motivos entrelazados, sin estructura, principio ni fin. Más que cantar, grita. Se dispone a criar en esta isla cercana al círculo polar ártico y delimita así su territorio. Sabemos que acaba de llegar tras invernar en los matorrales espinosos de Sudáfrica, como los que cubren la mayor parte de la superficie de la reserva natural del Kruger. Y que para venir hasta aquí ha seguido la ruta de la costa del Índico, la que atraviesa África por Mozambique, Tanzania, Kenia y Etiopía, antes de cruzar el Mediterráneo, acercarse, quizá, a las costas ibéricas y proceder hacia su área de cría. Pero la información no proviene de los datos captados por un dispositivo, un GPS enganchado al plumaje. Lo sabemos porque él mismo nos lo cuenta.

La canción del carricero políglota es una geografía aural, el recopilatorio de los paisajes sonoros que atraviesa en su largo periplo. Imitador consumado, carece de una canción propia. A cambio, la crea al entremezclar unas con otras las voces de las aves que va escuchando al paso. De las europeas, aprendidas durante sus primeros meses de vida, y de las africanas, captadas, como quien dice, al vuelo en su primer viaje al sur. Para el carricero políglota el canto es el relato de su vida nómada. En una sola parrafada de cuarenta y cinco minutos de duración se han contabilizado las imitaciones de hasta setenta y seis especies diferentes, entremezcladas en cientos de frag-mentos las voces de aves europeas y africanas; un solo macho es capaz de memorizar hasta noventa y nueve voces, y la especie, en conjunto —y que se sepa—, hasta doscientas doce. Mas, si bien estos pájaros tienen una memoria auditiva sobresaliente, no parecen interesados por la geografía y mezclan de manera arbitraria todo este material sin atender al lugar de origen.

En la primavera de 2014 el ornitólogo sueco Ulf Elman grabó una de estas secuencias y, en un alarde de conocimientos del catálogo sonoro de las aves de dos continentes, fue capaz de identificar a una buena parte de las especies imitadas (xeno-canto.org/195477). La localización geográfica de las africanas nos permite reconstruir su periplo. Entre otras muchas, las llamadas de los cisticolas cascabel y del Natal lo ubican en el *bushveld* sudafricano; una suimanga pechiescarlata y una cubla dorsinegra podrían ser de Mozambique; otra suimanga, la pechiblanca, quizá del lago Malawi; las chagras coronipardas, tanzanas; el canto de un cisticola cantor lo escucharía, quién sabe, en las sabanas de Kenia; el de una camaróptera baladora, una amaranta senegalesa y un abejaruco persa, en las tierras áridas de Etiopía, y el de algún bulbul naranjero, en váyase a saber qué punto de África. Por cierto, es posible que el carricero tuviera menos dificultades para memorizar la maraña de cantos que para retener este trabalenguas de nombres comunes. Al llegar a Europa se reencontró con las voces familiares de trepadores azules, aviones zapadores, ruiseñores, abejarucos, otros carriceros, cernícalos, zarceros icterinos, lavanderas de varias especies, toda la tribu de los páridos y hasta un alcaudón dorsirrojo, otro de los grandes imitadores europeos. Sería interesante escuchar un diálogo entre ambas especies, cada una de ellas intentando aprender las mentiras que le contase la otra.

TODO EL MAPA SONORO EN UN PUNTO

En un código QR, mejor dicho. El carricero políglota canta para trazar su pequeña frontera, y para ello utiliza un repertorio formado por las voces de un mundo abierto. Pero su viaje nos coge un poco lejos, en los márgenes de los pasillos aéreos de los que trata este libro. Tan solo algunos ejemplares arriban a nuestras costas cada año. En cualquier caso, siguiendo su ejemplo, actuaremos ahora como uno de ellos para componer un mapa sonoro de la migración en Iberia. Mezclando unas voces con otras, las llamadas de los que van con las de los que vuelven, las de quienes llegan del norte con los dialectos aprendidos en el sur. Y, a diferencia del carricero, lo haremos sin movernos de aquí. En vez de ir a buscar sonidos por el mundo, dejaremos que sean esos sonidos los que revoloteen alrededor del micrófono. A lo largo de las cuatro estaciones, a las diferentes horas del día; en todas las condiciones meteorológicas y a todos los vientos.

Esta peculiar *suite* migratoria no tiene reglas, pero sí un cierto orden. Este es su guion.

Aunque no pretende ser un calendario sonoro, comienza con algunos de los grandes estrépitos otoñales, como los producidos por los bandos de grullas y ánsares comunes —cierto que estos últimos cada vez más silenciosos—.Sigue con los silbidos y trinos agudos de las bandadas de zarapitos reales, ostreros, agujas colinegras, chorlitos grises, archibebes pálidos y algunos correlimos, aves limícolas que invernan en los campos de fango de las rías y estuarios, ni mar ni costa, ni tierra ni agua.

Una vez aquí, sedimentadas para pasar la mala estación o para proceder a la reproducción, los lenguajes de las viajeras se mezclan con los de los habitantes sedentarios. El crotorar de las cigüeñas sobre los tejados y los chirridos de los vencejos comunes conviven con los silbidos de los estorninos y el tañido de las campanas. Más adelante, en la noche primaveral, sobre un coro pulsante de anfibios, las últimas llamadas diurnas del cuco dan paso a los silbidos nocturnos de los autillos, recién llegados de África; se escucha entonces el matraqueo de los chotacabras cuellirrojos, el triple silbido de la codorniz y la canción del ruiseñor común.

Con el anuncio del otoño los cielos se llenan de sutiles llamadas; todos los millones de pájaros que vuelan en frente disperso, a baja y media altura, apenas si emiten unos «alfilerazos», pulsos agudos perceptibles solo por los micrófonos más sensibles dispuestos para la escucha nocturna. Más ruidosos son los bandos de golondrinas; los parloteos de una hilera de ellas desde un tendido eléctrico anuncian las ganas de volver al sur. De los zarzales escapa entonces un rumor de llamadas discretas, chasquidos, carraspeos y aleteos emitidos por las legiones de currucas, papamoscas y demás pájaros que hacen acopio antes del gran salto y manchan su pico con la fruta de la zarzamora.

Pero para viajar hay que volar. Y este recorrido aural por la migración se cierra con la confusión de los aleteos de cientos, miles de aves. Desde los zumbidos apresurados de los más pequeños hasta el bramido de las mal llamadas «murmuraciones» de estorninos pintos, cuando decenas de miles de pares de alas maniobran al unísono y mueven una masa de aire que resuena como un mar embravecido. Hasta el sordo rumor de las alas de los «palomazos», las bandadas de torcaces que sobrevuelan las dehesas del sudoeste durante la montanera. O, en fin, hasta los siseos alares de la tribu de los patos —azulones, silbones y cercetas comunes— en el momento en que abandonan las lagunas con la luz fría de los amaneceres de invierno.

En diversas culturas ancestrales los mitos sobre la creación cuentan que el mundo, el territorio sobre el que nos movemos, no es más que un ensueño, una apariencia de realidad que se sostendrá mientras ciertas personas interpreten una canción. Entre los aborígenes australianos, por ejemplo, hay quienes se desplazan a pie por el territorio canturreando una melopea interminable. Cada sílaba es un detalle del terreno, cada frase, una forma geológica; una melodía da lugar a un río; otra, a un desierto. La tierra les dicta el ensueño y ese ensueño hace que el mundo exista.

Las aves viajeras también trazan sus rutas con el sonido. Van y vienen mientras cantan, y con sus voces, pero también con sus silencios, aportan a la geografía una nueva dimensión. Componen el relato de la biodiversidad en movimiento. Que nada interrumpa la propagación de su canción porque, como en el mundo del ensueño, esta será la prueba de que los lazos de la vida siguen anudados.

CARLOS DE HITA

BIBLIOGRAFÍA

Durante la elaboración de los textos de este libro hemos consultado, y nos hemos inspirado, en una muy amplia y diversa bibliografía, que incluye desde textos generales sobre la migración de las aves a artículos científicos muy concretos sobre cada una de las especies. La lista que sigue recoge aquellos a los que más hemos acudido, tanto para redacción de los diferentes capítulos como para la creación de los mapas.

TEXTOS GENERALES

Alerstam, T. (1993). *Bird Migration*. Cambridge University Press.

Barrie, D. (2021). *Los viajes más increíbles: Maravillas de la navegación animal*. Editorial Crítica.

Barrios Partida, F. (2007). *Nómadas del Estrecho de Gibraltar*. Acento.

Bernis, F., & Tellería, J. L. (1980). *La migración de las aves en el Estrecho de Gibraltar: época posnupcial* (Vol. 1: Aves planeadoras). Cátedra de Zoología de Vertebrados, Facultad de Biología, Universidad Complutense de Madrid.

Brooke, M. (2018). *Far from Land: The mysterious lives of seabirds*. Princeton University Press.

Bird Observatories Council, Archer, M., Grantham, M., Howlett, P., & Stansfield, S. (2010). *Bird Observatories of Britain and Ireland*. T & AD Poyser / Bloomsbury Publishing.

Cornell Lab of Ornithology. (s.f.). *Birds of the World*. https://birdsoftheworld.org/bow/home

Darby, A. (2020). *Flight Lines: Across the Globe on a Journey with the Astonishing Ultramarathon Birds*. Pegasus Books / Allen & Unwin.

de Juana, E., & García, E. F. J. (2015). *The Birds of the Iberian Peninsula*. Bloomsbury Publishing / Christopher Helm.

Dupuy, J., & Sallé, L. (Eds.). (2022). *Atlas des Oiseaux Migrateurs de France* (2 vols.). Biotope Éditions / Muséum national d'histoire naturelle / Ligue pour la protection des oiseaux.

Elphick, J. (dir.). (1995). *Aves. Las grandes migraciones*. Ediciones Encuentro / Tusquets / La Caixa.

Heinrich, B. (2014). *The homing instinct: Meaning & mystery in animal migration*. Houghton Mifflin Harcourt.

Heisman, R. (2024). *Rutas en el cielo: El enigma de la migración de las aves y el insólito grupo de científicos que lo resolvió*. Editorial Carbrame.

Hoose, P. M. (2012). *Moonbird: A year on the wind with the great survivor B95*. Farrar, Straus and Giroux.

Istúriz, A., Astráin, C., Ibarrola, I., Milon, É., & Castegè, I. (Eds.). (2022). *Aves terrestres y marinas en Pirineos Atlánticos: Cambio climático, migración y evolución de poblaciones* (Proyecto POCTEFA NaturClima EFA 311/19). GAN-NIK/CMB.

Karlsson, L. (Ed.), Bentz, P.-G., Ehnbom, S., Kjellen, N., Malmhagen, B., Muheim, R., & Nilsson, A. (2021). *Wings Over Falsterbo* (2nd ed.). Falsterbo Bird Observatory.

Lees, A., & Gilroy, J. (2021). *Vagrancy in Birds*. Bloomsbury (Helm).

McCarthy, M. (2010). *Say goodbye to the cuckoo*. John Murray Press.

McGeehan, A. (2018). *To the ends of the earth: Ireland's place in bird migration*. The Collins Press / Gill Books.

Moss, S. (1995). *Birds and weather: A birdwatcher's guide*. Hamlyn.

Newton, I. (2020). *Bird Migration*. HarperCollins.

Newton, I. (2023). *The migration ecology of birds* (2nd ed.). Academic Press.

Onrubia, A., Martín, B., García-Barcelona, S., & López, J. (2023). *La migración de aves por el Estrecho de Gibraltar*. Memorias de la Real Sociedad Española de Historia Natural (2ª época, 16). Real Sociedad Española de Historia Natural.

Panuccio, M., Mellone, U., & Agostini, N. (Eds.). (2021). *Migration Strategies of Birds of Prey in Western Palearctic*. CRC Press/Taylor & Francis Group.

Prokosch, P. (Ed.). (2024). *The East Atlantic Flyway of Coastal Birds: 50 Years of Exciting Moments in Nature Conservation and Research*. Lynx Nature Books.

Sandoval, A. (2015). *Las aves marinas de Estaca de Bares*. Tundra Ediciones.

SEO/BirdLife (Molina, B., Nebreda, A., Muñoz, A. R. Seoane, J., Real, R., Bustamante, J. y Del Moral, J. C. Eds.) 2022. *III Atlas de aves en época de reproducción en España*. SEO/BirdLife. Madrid. https://atlasaves.seo.org/

Tellería, J. L. (1981). *La migración de las aves en el Estrecho de Gibraltar: época posnupcial. Vol. 2, Aves no planeadoras*. Universidad Complutense de Madrid.

Vaughan, R. (2009). *Wings and rings: A history of bird migration studies in Europe*. Isabelline Books.

Weidensaul, S. (2024). *A vista de pájaro: La odisea global de las aves migratorias*. Debate.

Wernham, C., Toms, M., Marchant, J. H., Clark, J., Siriwardena, G., & Baillie, S. R. (Eds.). (2002). *The Migration Atlas: Movements of the birds of Britain and Ireland*. T & AD Poyser / A & C Black.

Wroza, Stanislas (2020). *Identifier les oiseaux migrateurs par le son*. Delachaux et Niestlé. Lonay

Zalles, J. I., & Bildstein, K. L. (Eds.). (2000). *Raptor Watch: A global directory of raptor migration sites* (BirdLife Conservation Series No. 9). BirdLife International.

Zucca, M. (2024). *La migration des oiseaux : comprendre les voyageurs du ciel*. Sud-Ouest Éditions.

Zwarts, L., Bijlsma, R. G., van der Kamp, J., & Wymenga, E. (2009). *Living on the Edge: Wetlands and Birds in a Changing Sahel*. KNNV Publishing.

PÁGINAS WEB GENERALES CONSULTADAS:

https://seo.org/migra/

https://seo.org/centro-de-migracion-de-aves/

https://seo.org/monografias-de-migracion/

https://migraciondeaves.org/

https://atlasaves.seo.org/

https://www.vertebradosibericos.org/

https://migrationatlas.org/

https://euring.org/research/migration-atlas

https://www.seabirdtracking.org/

https://www.movebank.org/cms/movebank-main

https://motus.org/

https://ebird.org/home

https://birdcast.info/

FUENTES UTILIZADAS PARA LA ELABORACIÓN DE LOS MAPAS:

Mapas de distribución de cada especie:

Cornell Lab of Ornithology. (s.f.). *Birds of the World*. https://birdsoftheworld.org/bow/home

Rutas de cada especie:

Cigüeña negra

Cano-Alonso, Luis & FRANCO, Cláudia & DOVAL, Guillermo & TORÉS, Alejandro & CARBONELL, Isidoro & Tellería, Jose. (2013). *Post-Breeding Movements of Iberian Black Storks Ciconia nigra as Revealed by Satellite Tracking*. Ardeola: revista ibérica de ornitología. Ardeola. 133-142. 10.13157/arla.60.1.2012.133.

Cano-Alonso, Luis & Tellería, Jose. (2013). *Migration and winter distribution of Iberian and central European Black Storks Ciconia nigra moving to Africa across the Strait of Gibraltar: a comparative study*. Journal of Avian Biology. 44. 189-197. 10.1111/j.1600-048X.2012.05824.x.

Tamás, E. A. (2012). *Breeding and Migration of the Black Stork (Ciconia nigra), with Special Regard to a Central European Population and the Impact of Hydro-Meteorological Factors and Wetlands Status*. PhD Thesis, University of Debrecen, Debrecen, Hungary. 146 pp.

Zwarts, Leo & Bijlsma, Rob & Kamp, Jan. (2023). *The Gap of Chad, a Dearth of Migratory Birds in the Central Sahel*. Ardea -Wageningen-. 111. 207-226. 10.5253/arde.2022.a22.

Aguilucho lagunero

Strandberg, R., Klaassen, R. H. G., Hake, M., Olofsson, P., Thorup, K., & Alerstam, T. (2008). *Complex timing of Marsh Harrier Circus aeruginosus migration due to pre- and post-migratory movements*. Ardea, 96(2), 159–171. https://doi.org/10.5253/078.096.0202

Vansteelant, W. M. G., Klaassen, R., Strandberg, R., Janssens, K., T'Jollyn, F., Bouten, W., Koks, B. J., & Anselin, A. (2020). *Western Marsh Harriers Circus aeruginosus from nearby breeding areas migrate along comparable loops, but on contrasting schedules in the West African–Eurasian flyway*. Journal of Ornithology, 161(4), 953–965. https://doi.org/10.1007/s10336-020-01785-6

Aguja colipinta

Prokosh, P. (Editor). (2024). *The East Atlantic Flyway of Coastal Birds: 50 Years of Exciting Moments in Nature Conservation and Research*. Lynx Nature Books, Barcelona.

Kwarteng, A. (2018, 10 octubre). *Repeat migration of bar-tailed godwits wintering at Barr Al Hikman*. Anwaar – Sultan Qaboos University. https://anwaar.squ.edu.om/Post/Post-Detail/ArticleID/180/Repeat-Migration-of-bar-tailed-godwits-wintering

Águila pescadora

Dupuy, J., & Sallé, L. (Eds.). (2022). *Atlas des Oiseaux Migrateurs de France (2 vols.)*. Biotope Éditions / Muséum national d'histoire naturelle / Ligue pour la protection des oiseaux.

Scottish Wildlife Trust. (2023, 4 septiembre). *Osprey shortened migration*. Scottish Wildlife Trust. https://scottishwildlifetrust.org.uk/2023/09/osprey-shortened-migration/

Vardanis, Yannis & Nilsson, Jan-Ake & Klaassen, Raymond & Strandberg, Roine & Alerstam, Thomas. (2016). *Consistency in long-distance bird migration: Contrasting patterns in time and space for two raptors*. Animal Behaviour. 113. 177-187. 10.1016/j.anbehav.2015.12.014.

Garza imperial

Jourdain E., Gauthier-Clerc M., Kayser Y., Lafaye M. & Sabatier P. 2008. *Satellite-tracking migrating juvenile Purple Herons Ardea purpurea from the Camargue area, France*. Ardea 96(1) : 121–124.

van der Winden, Jan & Poot, Martin & van Horssen, Peter. (2011). *Large Birds can Migrate Fast: The Post-Breeding Flight of the Purple Heron Ardea purpurea to the Sahel*. Ardea. 98. 395-402. 10.5253/078.098.0313.

Tórtola europea

Lormée, H., Boutin, J.-M., Pinaud, D., Bidault, H., & Eraud, C. (2016). *Turtle Dove Streptopelia turtur migration routes and wintering areas revealed using satellite telemetry*. Bird Study, 63(3), 425–429. https://doi.org/10.1080/00063657.2016.1185086

Fisher, Ian & Ashpole, Joscelyne & Scallan, David & Proud, Tara & Carboneras, Carles. (2018). International Single Species Action Plan for the conservation of the European Turtle-dove _Streptopelia turtur_ (2018 to 2028). 10.13140/RG.2.2.34870.40000.

Operation Turtle Dove. (s. f.). *Research on the turtle dove migratory route & wintering grounds*. https://operationturtledove.org/international-conservation/research-turtle-dove-migratory-route-wintering-grounds/

Schumm, Yvonne & Metzger, Benjamin & Neuling, Eric & Austad, Martin & Galea, Nicholas & Barbara, Nicholas & Quillfeldt, Petra. (2021). *Year-round spatial distribution and migration phenology of a rapidly declining trans-Saharan migrant—evidence of winter movements and breeding site fidelity in European turtle doves*. Behavioral Ecology and Sociobiology. 75. 10.1007/s00265-021-03082-5.

Oropéndola europea

Mason, P., & Allsop, J. (2009). *The golden oriole*. London, England: Poyser.

Paíño europeo

Lago, Paulo & Austad, Martin & Metzger, Benjamin. (2019). Partial migration in the Mediterranean Storm Petrel (Hydrobates pelagicus melitensis). Marine Ornithology. 47. 105-113. 10.5038/2074-1235.47.1.1299.

Militão, T. (2022, 20 junio). *Migratory patterns of Europe's smallest seabird.* British Ornithologists' Union. https://bou.org.uk/blog-militao-storm-petrels/

Online Atlas of the movements of European bird populations. (2022). *Bird Migration Atlas: European Storm Petrel (Hydrobates pelagicus).* EURING/CMS. https://migrationatlas.org/node/1832

Alcaudón dorsirrojo

Mayol, J. (2021). *El halcón de Eleonora.* Monografías Zoológicas – Serie Ibérica, Vol. 11. Tundra

SEO/BirdLife. (2020). *Programas de seguimiento de avifauna 2020 y grupos de trabajo* (Boletín de seguimiento 2020) [PDF]. https://seo.org/boletin/seguimiento/boletin/2020/Boletin-Seguimiento-2020_Def.pdf

Tøttrup, A. P., Pedersen, L., Onrubia, A., Klaassen, R. H. G., & Thorup, K. (2017). *Migration of red-backed shrikes from the Iberian Peninsula: Optimal or sub-optimal detour?* Journal of Avian Biology, 48(1), 149–154. https://doi.org/10.1111/jav.01352

Vansteelant, W. M. G., Gangoso, L., Bouten, W., Viana, D. S., & Figuerola, J. (2021). *Adaptive drift and barrier-avoidance by a fly-forage migrant along a climate-driven flyway.* Movement Ecology, 9, article 37. https://doi.org/10.1186/s40462-021-00272-8

Cuco común

British Trust for Ornithology. (s. f.). *Cuckoo Tracking Project.* https://www.bto.org/get-involved/volunteer/projects/cuckoo-tracking/

Hewson, C. M., Thorup, K., Pearce-Higgins, J. W., & Atkinson, P. W. (2016). *Population decline is linked to migration route in the Common Cuckoo, a long-distance nocturnally-migrating bird.* Nature Communications, 7, 12296. https://doi.org/10.1038/ncomms12296

Andarríos grande

Appleton, G. (s. f.). *Green Sandpiper* [Categoría de entradas]. *WaderTales.* https://wadertales.wordpress.com/category/green-sandpiper/

Smith, K. W., Trevis, B. E., & Reed, M. (2024). *Migration patterns and breeding areas of Green Sandpipers Tringa ochropus wintering in southern Britain.* Bird Study, 71(1), 1-8. https://doi.org/10.1080/00063657.2023.2298662

Correlimos zarapitín

Khomenko, S. (2006). *The Sivash Bay as a migratory stopover site for Curlew Sandpiper Calidris ferruginea* [Conference paper]. ResearchGate.

Smith, R. (2004, agosto). *Dee Estuary News – August 2004.* DeeEstuary.co.uk. http://www.deeestuary.co.uk/news0804.htm

Pardela balear

Agreement on the Conservation of Albatrosses and Petrels. (2020, September 2). *Shore-based citizen science projects help define migration of ACAP-listed Balearic shearwaters.* https://www.acap.aq/latest-news/shore-based-citizen-science-projects-help-define-migration-of-acap-listed-balearic-shearwaters/

Arcos, J. M. (Ed.). (2011). *International species action plan for the Balearic shearwater, Puffinus mauretanicus.* SEO/BirdLife & BirdLife International.

De la Cruz, A., Pereira, J. M., Arroyo, G. M., Ramos, J. A., Alonso, H., Arcos, J. M., Rodríguez, B., Bécares, J., Ramos, F., Tornero, J., Saavedra, C., Vázquez, J. A., García-Barón, I., Astarloa, A., Louzao, M., Laran, S., Dorémus, G., Waggitt, J. J., & Paiva, V. H. (2025). *Global distribution, threats and population trends of the critically endangered Balearic shearwater Puffinus mauretanicus.* Biological Conservation, 305, 111047. https://doi.org/10.1016/j.biocon.2025.111047

Wynn, R. B., & Yésou, P. (2007). The changing status of Balearic Shearwater in northwest European waters. *British Birds,* 100, 392–406.

Carricerín cejudo

Aquatic Warbler Conservation. (s. f.). *About species.* https://aquaticwarbler.eu/about-species/ (aquaticwarbler.eu

Aquatic Warbler Conservation. (2020, abril 8). *Latest scientific research: Lithuanian Aquatic warblers winter in Mali.* https://aquaticwarbler.eu/2020/04/08/latest-scientific-research-lithuanian-aquatic-warblers-winter-in-mali/

Atienza, Juan Carlos & Pinilla, Jesús & Justribó, Jorge. (2001). *Migration and conservation of the Aquatic Warbler Acrocephalus paludicola in Spain.* Ardeola: revista ibérica de ornitología. 48.

Baltic Environmental Forum Lithuania; Nature Research Centre; & LIFE MagniDucatusAcrola Project. (2020). *Aquatic warbler migration study* [Informe técnico]. MELDINE.lt. https://meldine.lt/wp-content/uploads/sites/2/2020/04/AW_Migration_17022020.pdf

Salewski, V., Flade, M., Lisovski, S., Poluda, A., Iliukha, O., Kiljan, G., Malashevich, U., & Hahn, S. (2019). *Identifying migration routes and non-breeding staging sites of adult males of the globally threatened Aquatic Warbler Acrocephalus paludicola.* **Bird Conservation International,** 29 (4), 503–514. https://doi.org/10.1017/S0959270918000357

Vencejo común

British Trust for Ornithology. (s. f.). *Tracking swifts.* https://www.bto.org/our-science/topics/tracking/tracking-studies/swifts

SEO/BirdLife. (2017, 26 de mayo). *Los vencejos, aves estivales por excelencia, recorren 20.000 kilómetros en su viaje migratorio a África.* https://seo.org/los-vencejos-aves-estivales-por-excelencia-recorren-20-000-kilometros-en-su-viaje-migratorio-a-africa/

Åkesson, S., Klaassen, R., Holmgren, J., Fox, J. W., & Hedenström, A. (2012). *Migration routes and strategies in a highly aerial migrant, the Common Swift Apus apus, revealed by light-level geolocators.* PLoS One, 7(7), Article e41195. https://doi.org/10.1371/journal.pone.0041195

Charrán ártico

Alerstam, T., Bäckman, J., Grönroos, J., Olofsson, P., & Strandberg, R. (2019). *Hypotheses and tracking results about the longest migration: The case of the arctic tern.* Ecology and Evolution, 9 (17), 9511–9531. https://doi.org/10.1002/ece3.5459

Fijn, R. C., Hiemstra, D., Phillips, R. A., & van der Winden, J. (2013). *Arctic Terns Sterna paradisaea from the Netherlands migrate record distances across three oceans to Wilkes Land, East Antarctica*. Ardea, 101(1), 3–12. https://doi.org/10.5253/078.101.0102

Hromádková, T., Pavel, V., Flousek, J., & Briedis, M. (2020). *Seasonally specific responses to wind patterns and ocean productivity facilitate the longest animal migration on Earth*. Marine Ecology Progress Series, 638, 1–12. https://doi.org/10.3354/meps13274

Carraca europea

Finch, T. (2015, 12 de octubre). *Migratory connectivity in European Rollers*. British Ornithologists' Union Blog. https://bou.org.uk/blog-finch-migratory-connectivity-in-rollers/

Finch, T., Saunders, P., Avilés, J. M., Bermejo, A., Catry, I., de la Puente, J., Emmenegger, T., Mardega, I., Mayet, P., Parejo, D., Račinskis, E., Rodríguez-Ruiz, J., Sackl, P., Schwartz, T., Tiefenbach, M., Valera, F., Hewson, C., Franco, A., & Butler, S. J. (2015). *A pan-European, multipopulation assessment of migratory connectivity in a near-threatened migrant bird*. Diversity and Distributions, 21(9), 1051–1062. https://doi.org/10.1111/ddi.12345

Rodríguez-Ruiz, J., de la Puente, J., Parejo, D., Valera, F., Calero-Torralbo, M. A., Reyes-González, J. M., Zajková, Z., Bermejo, A., & Avilés, J. M. (2014). *Disentangling migratory routes and wintering grounds of Iberian near-threatened European Rollers Coracias garrulus*. PLoS ONE, 9(12), Article e115615. https://doi.org/10.1371/journal.pone.0115615

Petrel de Bulwer

Cruz-Flores, M.; Ramos, R.; Sardà-Serra, M.; López-Souto, S.; Militão, T. y González-Solís, J. 2019. *Migración y ecología espacial de la población española de petrel de Bulwer*. Monografía n.° 4 del programa Migra. SEO/BirdLife. Madrid. https://doi.org/10.31170/0070

Papamoscas cerrojillo

Chernetsov, N., Kishkinev, D., Gashkov, S., Kosarev, V., & Bolshakov, C. V. (2008). *Migratory programme of juvenile pied flycatchers, Ficedula hypoleuca, from Siberia implies a detour around Central Asia*. Animal Behaviour, 75(2), 539–545. https://doi.org/10.1016/j.anbehav.2007.05.019

Grinkov, V. G., & Sternberg, H. (2018). *Delayed start of first-time breeding and non-breeders surplus in the Western Siberian population of the European Pied Flycatcher* (preprint). bioRxiv. https://doi.org/10.1101/387829

Nussbaumer, R., Benoit, L., Mariéthoz, G., Liechti, F., Bauer, S., & Schmid, B. (2020). Modelling the flow of nocturnal bird migration with year-round European weather radar network. *bioRxiv*.

Cernícalo primilla

Lopez-Ricaurte, L., García-Silveira, D. y Bustamante, J. (Eds.) 2023. *Migración y ecología del movimiento de la población española de cernícalo primilla*. Monografía n.° 7 del programa Migra. SEO/BirdLife. Madrid.

Mosquitero ibérico

BirdLife International. (2024). *Species factsheet: Iberian Chiffchaff Phylloscopus ibericus*. BirdLife Data Zone. https://datazone.birdlife.org/species/factsheet/iberian-chiffchaff-phylloscopus-ibericus

Rodríguez Martínez, N., García Fernández, J., & Copete, J. L. (2013). *El mosquitero ibérico* (C. Bocos González, Ilustr.). Grupo Ibérico de Anillamiento.

Zwarts, Leo & Bijlsma, Rob & Kamp, Jan. (2023). *Revisiting Published Distribution Maps and Estimates of Population Size of Landbirds Breeding in Eurasia and Wintering in Africa*. Ardea -Wageningen-. 111. 119-142. 10.5253/arde.2022.a18.

Abejaruco europeo

Abdul-Wahab, C., Santos Costa, J., D'Mello, F., & Häkkinen, H. (2024). *Connected impacts: combining migration tracking data with species distribution models reveals the complex potential impacts of climate change on European Bee-eaters*. Journal of Ornithology, https://doi.org/10.1007/s10336-024-02190-z

Hahn, S., J. A. Alves, K. Bedev, J. S. Costa, T. Emmenegger, M. Schulze, P. Tamm, P. Zehtindjiev, and K. L. Dhanjal-Adams (2020). *Range-wide migration corridors and non-breeding areas of a northward expanding Afro-Palaearctic migrant, the European Bee-eater Merops apiaster*. Ibis 162: 345–355. https://doi.org/10.1111/ibi.12752

Gaviota de Sabine

Davis, Shanti & Maftei, Mark & Mallory, Mark. (2016). *Migratory Connectivity at High Latitudes: Sabine's Gulls (Xema sabini) from a Colony in the Canadian High Arctic Migrate to Different Oceans*. PLoS ONE. 11. e0166043.. 10.1371/journal.pone.0166043.

Stenhouse IJ, Robertson GJ. *Philopatry, site tenacity, mate fidelity, and adult survival in Sabine's Gulls*. Condor. 2005; 107(2): 416-23.

Grulla común

Román, J.A. (coord) 2025. *Demografía, Distribución y Fenología migratoria de la Grulla Común (Grus grus) en España durante 2024/25"*. Grus Extremadura

Crane Conservation Germany. (s. f.). *Migration of cranes*. Kraniche. https://www.kraniche.de/en/crane-migration.html

Vuelvepiedras común

British Trust for Ornithology. (s. f.). *Seasonal movements* (Bird recording by migration season). https://www.bto.org/get-involved/volunteer/projects/birdtrack/bird-recording/by-migration-season/seasonal-movements

Pardela sombría

Hedd, April & Montevecchi, William & Otley, Helen & Phillips, Richard & Fifield, David. (2012). *Trans-equatorial migration and habitat use by Sooty Shearwaters Puffinus griseus from the South Atlantic during the nonbreeding season*. Marine Ecology Progress Series.

Frailecillo atlántico

Fayet, A. L., Freeman, R., Anker-Nilssen, T., Diamond, A., Erikstad, K. E., Fifield, D., ... & Guilford, T. (2017). *Ocean-wide drivers of migration strategies and their influence on population breeding performance in a declining seabird*. Current Biology, 27(24), 3871–3878.e3. https://doi.org/10.1016/j.cub.2017.11.009

Skomer Island. (2016, 25 de julio). *The fascinating migration of the Skomer Puffins*. https://skomerisland.blogspot.com/2016/07/the-fascinating-migration-of-skomer.html

Chorlito gris

Exo, K.-M., Hillig, F., & Bairlein, F. (2019). *Migration routes and strategies of grey plovers (Pluvialis squatarola) on the East Atlantic Flyway as revealed by satellite tracking.* Avian Research, 10, 28. https://doi.org/10.1186/s40657-019-0166-5

Gaviota sombría

Baert, J. M., Stienen, E. W. M., Heylen, B. C., Kavelaars, M. M., Buijs, R.-J., Shamoun-Baranes, J., Lens, L., & Müller, W. (2018). *High-resolution GPS tracking reveals sex differences in migratory behaviour and stopover habitat use in the Lesser Black-backed Gull Larus fuscus.* Scientific Reports, 8, 5391. https://doi.org/10.1038/s41598-018-23605-x

van Kleinwee, M. (2021, 10 de mayo). *IJmuiden Lesser Black-backed Gull GPS-project update: wintering locations and migration routes 2020–2021.* Gulls to the Horizon. https://gullstothehorizon.wordpress.com/2021/05/10/ijmuiden-lesser-black-backed-gull-gps-project-update-wintering-locations-and-migration-routes-2020-2021/

Ánsar común

Månsson, J., Liljebäck, N., Nilsson, L., Olsson, C., Kruckenberg, H., & Elmberg, J. (2022). *Migration patterns of Swedish Greylag geese Anser anser — implications for flyway management in a changing world.* European Journal of Wildlife Research, 68, Article 15. https://doi.org/10.1007/s10344-022-01561-2

Rodríguez Alonso, M., & Palacios Alberti, J. (2018). *Ánsar común – Anser anser: Movimientos.* En Enciclopedia Virtual de los Vertebrados Españoles (J. J. Sanz & J. A. Amat, Eds.). Museo Nacional de Ciencias Naturales. https://www.vertebradosibericos.org/aves/movimientos/ansansmo.html

Espátula común

Navedo, Juan. (2006). Importancia de las Marismas de Santoña para la Espátula Común "Platalea leucorodia" durante el paso migratorio prenupcial. Monte Buciero, ISSN 1138-9680, N°. 12, 2006, pags. 147-160.

Piersma, T., de Goeij, P., Bouten, W., & Zuhorn, C. (2022). *Sinagote: The biography of a spoonbill.* Lynx Edicions.

Tour du Valat. (2018, 25 de julio). *The Eurasian Spoonbill, an emblematic wetland species.* https://tourduvalat.org/en/projects/la-spatule-blanche-une-espece-emblematique-des-zones-humides-2/

Cerceta común

Cerritelli, Giulia & Vanni, Lorenzo & Baldaccini, Natale & Lenzoni, Alfonso & Sorrenti, Michele & Giunchi, Dimitri. (2023). *Trailing the heat: Eurasian teal Anas crecca schedule their spring migration basing on the increase in soil temperatures along the route.* Journal of Avian Biology. 2023. 10.1111/jav.03122.

Delany, S., Veen, J., & Clark, J. (2006). *Urgent preliminary assessment of ornithological data relevant to the spread of avian influenza in Europe.* Wetlands International & BirdLife International.

Mirlo capiblanco

Fairbrother, V., Hutchinson, K. (2020). *The Ring Ouzel: A View from the North York Moors.* Whittles Publishing.

Milano real

Bermejo-Bermejo, Ana & De la Puente, Javier. (2023). De la Puente, J. & Bermejo, A. 2022. Spatial Ecology. In, Sanz-Zuasti, J.; Velasco T.; Arroyo, B.; Rico, M.; Bermejo, A. & De la Puente, J. *The red Kite. Biology and conservation,* pp. 96-139. Fundación del Patrimonio Natural de Castilla y León. Valladolid.

Golondrina común

Brown, M. B. and C. R. Brown (2020). *Barn Swallow (Hirundo rustica),* version 1.0. In Birds of the World (P. G. Rodewald, Editor). Cornell Lab of Ornithology, Ithaca, NY, USA. https://doi.org/10.2173/bow.barswa.01

Busse, Przemysław & Zaniewicz, Grzegorz & Cofta, Tomasz. (2014). *Evolution of the Western Palaearctic Passerine Migration Pattern Presentation Style.* Ring. 36. 3-21. 10.2478/ring-2014-0001.

López-Calderón, C., Magallanes, S., Marzal, A. & Balbontín, J. 2021. *The migration system of Barn Swallows Hirundo rustica breeding in Southwestern Spain and wintering across West Africa.* Ardeola. DOI: 10.13157/arla.68.2.2021.ra2

Musitelli F, Spina F, Møller AP, Rubolini D, Bairlein F, Baillie SR, Clark JA, Nikolov BP, du Feu C, Robinson RA, Saino N, Ambrosini R. 2018. *Representing migration routes from re-encounter data: a new method applied to ring recoveries of Barn Swallows (Hirundo rustica) in Europe.* Journal of Ornithology 160: doi:10.1007/s10336-018-1612-6

Pancerasa, M., Ambrosini, R., Romano, A. et al. *Across the deserts and sea: inter-individual variation in migration routes of south-central European barn swallows (Hirundo rustica).* Mov Ecol 10, 51 (2022). https://doi.org/10.1186/s40462-022-00352-3W

BIBLIOGRAFÍA CONSULTADA EN LA SECCIÓN DE SONIDO

Handbook of the Birds of the Western Palearctic, Ed. Oxford University Press.

Estoy aquí... ¿Dónde estás tú?, de Konrad Lorenz, Plaza&Janes Editores.

Cuckoos, cowbirds and other cheats, N.B. Davies, T.&A.D. Poyser.

Nature music, the science of birdsong, Peter Marler, Hans Slabbekoorn, Elsevier Academic Press.

AGRADECIMIENTOS

Javier Gómez Aoiz, buen amigo, experto ornitólogo y autor del prólogo, ha sido además un apoyo extraordinario para la parte gráfica de este libro, así como en el proceso de revisión de todos sus contenidos.

Algunos de los textos han sido contrastados además con Nacho Barrionuevo, Rafa Benjumea, Carles Carboneras, Alejandro García Herrera, Marta Cruz, Ricard Gutiérrez, Yanina Maggiotto, Alejandro Onrubia, Juan José Ramos Melo, Alfonso Rodrigo, Carlos Sainz y Edorta Unamuno.

Varias de las mejores fotografías de algunos capítulos han sido cedidas para este proyecto por Javier Gómez Aoiz, Delfín González, Abraham Hernández, Daniel López-Velasco, Yanina Maggioto y Carlos Sainz.

Algunos de los sonidos fueron registrados por Esperanza Poveda y José Carlos Sires, Marcel Gil Velasco, Philippe J. Dubois, Sven Normant y Ulf Elman. La mayor parte de sus grabaciones han sido extraídas de la página web Xeno-Canto.

Nuestras editoras en Anaya Touring Mercedes San Ildefonso y Laura López, y el diseñador Kike de la Peña han acompañado de manera impecable el proceso de creación de esta obra.

Cuanto aparece en estas páginas es fruto de la vocación y el trabajo entusiasta de infinidad de investigadoras e investigadores de la migración de las aves. Su labor es fundamental para ahondar en el conocimiento y la conservación de la biología de multitud de especies, de los hábitats que utilizan como zonas de descanso y alimentación de sus viajes y de las rutas por las que circulan. La bibliografía que citamos al final del libro recoge solo una mínima parte de los muchos textos sobre este fenómeno que hemos leído antes y durante la redacción de estas páginas. Nuestro agradecimiento a esas personas que tanto han hecho por saber más acerca de las aves migratorias y por protegerlas, tanto en este país como en aquellos a los que volando van, y de donde volando vienen.

ANTONIO SANDOVAL
CARLOS DE HITA

CRÉDITOS FOTOGRÁFICOS

ABBPhoto/iStock, **119**. Abraham Hernández, **134, 135, 236** . AGD Beukhof/iStock, **225**. Alba Boix/iStock, **155**. Alexandre Arocas/iStock, **161**. Alexandru Tomuta/iStock, **172**. Alfredo Garcia Terol/iStock, **113**. AlvaroRT/iStock, **65**. Anagramm/iStock, **219, 220**. Andrew Seegmiller/iStock, **232**. Andyworks/iStock, **62, 63, 88,** . Antonio Sandoval, **28, 208**. Avideus/iStockk, **44**. Avs_lt/iStock, **130**. Bebedi/iStock, **99, 100**. Bjoern Wylezich/Shutterstock, **213**. Bluejayphoto/iStock, **239**. BoukeAtema/iStock, **51, 190**. Callingcurlew23/iStock, **201**. Carlos de Hita, **25**. Carlos Sainz (Bahía de Santander – Ecoturismo), **58**. Christoph Steurer/Shutterstock, **77**. Contact93761/Dreamstime, **237**. Cooper5022/Dreamstime, **35, 55**. CreativeNature_nl/iStock, **69, 70, 104**. Cribe/Shutterstock, **227**. Daniel López-Velasco (Ornis Birding Expeditions), **80, 82, 116, 164, 118, 164, 195, 196**. Dasya11/Dreamstime, **243**. Delfi Gonzalez, **122**. Denja1 /iStock, **46, 112, 230**. Dennis Jacobsen/Shutterstock, **36**. Deon van Rooyen/iStock, **50**. Estellez/iStock, **226**. Feng570423/Dreamstime, **53**. Frank Leung/iStock, **231**. Gallinago_media/iStock, **129**. Gerard Manders/Shutterstock, **75**. Gerdzhikov/iStock, **202**. Guss95/iStock, **59**. Gustavo Medina/Shutterstock, **149, 151**. Harry Collins/iStock, **56**. Henk Bogaard/iStock, **200**. Henri Lehtola/iStock, **152**. Ibrarshah3182/Dreamstime, **250**. Iiievgeniy/Istock, **24**. Inigolai-Photography/Shutterstock, **41**. J-wildman/iStock, **83**. Jacalde/iStock, **45**. Jana Buryskova/Shutterstock, **101**. Javier Gómez Aoiz, **6, 29, 32, 71, 86, 92, 94, 95, 107, 123, 125, 131, 140, 141, 142, 146, 147, 148, 158, 159, 160, 165, 166, 170, 171, 176, 177, 178, 179, 184, 188, 212, 214, 215, 224, 242, 244**. Jesus Giraldo Gutierrez/Shutterstock, **76**. JimmyLung/iStock, **89**. JMrocek/iStock, **68, 74**. Jose Antonio Aldeguer/iStock, **233**. Josh Feek/iStock, **52**. Juan Carlos Muñoz/Shutterstock, **209**. JuanamariGonzalez/iStock, **203**. Kazantseva Olga/Shutterstock, **8**. KenCanning/iStock, **206**. Maria Castellanos/iStock, **136**. Marktucan/iStock, **167**. MikeLane45/iStock, **189, 238**. Nestor Martinez Nieva/iStock, **185**. Pablo Escuder Cano/iStock, **173**. Pablo Joanidopoulos/Shutterstock, **143**. Paolino Massimiliano Manuel/iStock, **106**. Pedrosanmar/iStock, **110**. Peresanz/Dreamstime, **245**. Piotr Krzeslak/iStock, **40, 182**. Rachel Bennett/iStock, **182**. Rockptarmigan/iStock, **98**. Rolandocb efectodron/iStock, **207**. Rudolf Ernst/iStock, **197**. Salvacubells/Dreamstime, **125**. Schrempf2/iStock, **251**. Sjankauskas/Dreamstime, **218**. SzymonBartosz/iStock, **10**. Unai Huizi Photography/iStock, **183**. Uwe Moser/iStock, **191**. Werner Baumgarten/iStock, **38**. Wildlifesnapper/Dreamstime, **248**. WildMedia/Shutterstock. , **249**. Wirestock/iStock, **39, 57, 153, 154, 221**. Yanina Maggioto (Visit Natura), **64**. Yannik Gressenich/iStock, **64**. Yuriy Balagula/iStock, **47**. Zbynek Pospisil/iStock, **128, 30**.